低醣餐桌

常備減脂湯料理

153道 能吃飽 × 超省時 × 好省錢 的日常減重食譜，無壓力維持瘦身飲食

主婦之友社〔編輯〕 │ 蔡麗蓉〔翻譯〕

目錄

Part 1 讓全家都滿足 分量十足的 減醣湯

Part 2 立刻上桌，輕鬆完成 省時又簡單的 減醣湯

靠美味湯品，
讓全家人輕鬆減醣！

「想試試靠減醣飲食來瘦身，但是不知道家人的意願，而且似乎費時又花錢⋯⋯」現在，就靠減醣湯來解決你的煩惱！湯品可以一次做一鍋，當作常備菜，既輕鬆又省錢，同時十分具有飽足感。減醣湯還有許多的優點，最適合當作減醣飲食的入門料理了！

作法簡單

分量十足

非常省錢

減醣湯的 3 大特色

讓全家人大快朵頤，又能減肥瘦身！

一次煮一鍋，節省餐費！

減醣湯品只需要將食材切好並煮熟即可，一個鍋子就能一次煮好至少四人份的湯，簡單又輕鬆！趁特價時購買了較多的肉品，或是收到饋贈的大量蔬菜時，煮湯也不容易浪費食材，不僅能端出美味料理，還能幫你在餐費上精打細算。

喝湯的好處 4　最容易保存的常備料理

煮太多剩下來的時候，可冷藏保存約 3 天的時間。隔天再加以活用，做早餐或宵夜都行，還能縮短備餐時間及減少餐費。

喝湯的好處 5　最容易的減醣入門料理

容易搭配低醣食材，例如肉類或豆腐，利用食材鮮味，減少調味料的使用，「湯」是最適合的減醣料理。

喝湯的好處 2　留住食材鮮味的美味減醣料理

搭配肉類、魚類及蔬菜等食材燉煮而成的湯品，食材的鮮甜味會完全融入湯中，只要使用少量的調味料，就有美味的湯可以享用。

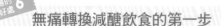

喝湯的好處 6　無痛轉換減醣飲食的第一步

就算有家人排斥減醣料理，減醣湯可以讓他們自然地接受減醣飲食。同時，湯品內可加入豐富的食材，更容易有飽足感，減少在正餐後想吃零食甜點的機會，進而達到減醣的目的。

喝湯的好處 3　減醣完全不用挨餓

美味的食材菁華融入湯汁後，湯汁也會一併喝下肚，因此飽足感十足！尤其推薦煮湯來當作小朋友的點心，減少孩子容易攝取過量醣份的問題。

減重效果馬上看得見！
減醣湯的 3 大重點

 重點 ①

大人小孩
都能開心吃飽

分量十足，吃一碗就飽

進行減醣瘦身法時，可攝取高熱量的肉類或魚類等蛋白質食物，再搭配低醣的蔬菜，就能完成分量十足的湯品。

➜ PART 1（p.13～）

融化起司帶來在減肥時意想不到的滿足感

將整塊牛肉包起來的驚人分量

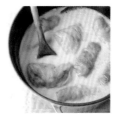

「雞肉青花菜蕃茄起司湯」（p.19）

「高麗菜捲奶油湯」（p.31）

 重點 ②

料理新手
也能輕鬆做

秘訣就是善用微波爐並挑選食材

善用微波爐，可以幫你省下時間，同時少洗鍋子。此外，搭配容易煮熟的食材，花 5 分鐘、10 分鐘即可完成一道湯品，更有注入熱水即可享用的速食湯。

➜ PART 2（p.41～）

善用七彩繽蔬菜，5 分鐘快速上桌

倒入碗公裡，用微波爐加熱即可

「豬肉塊萵苣異國風味湯」（p.59）

「雞里肌菠菜生薑湯」（p.42）

 重點 ③

省錢 + 減重，
一次滿足

一邊執行減醣飲食，一邊省錢

低醣又便宜的 5 種最佳減醣食材大公開！善用這 5 項食材，節省伙食費的湯品，為你解決「減醣瘦身法很花錢」的煩惱。

➜ PART 3（p.107～）

常見的雞翅，也是便宜又低醣的食材

活用冷藏庫的常備食材：雞蛋

「雞翅檸檬湯」（p.113）

「蛋包巧達湯」（p.128）

減醣飲食
Q & A

為什麼減醣
可以減重？

減醣飲食法大受歡迎的原因，是就算吃高熱量的肉類、魚類或油膩食品也沒問題。「感覺吃這些東西明明會變胖，為什麼可以瘦得下來呢？」只要了解減醣瘦身的原理，以及挑選食材的方法，就能讓你輕鬆的用「煮湯」開始減醣飲食。

Q. 「醣質」是什麼？

例／營養成分表

熱量	25kcal
蛋白質	2.8g
脂質	0g
碳水化合物	4.0g
食物纖維	1.0g

A 醣質＝碳水化合物－食物纖維

將「碳水化合物」扣除「食物纖維」後所得到的數值，就是含醣量。米飯、麵包等主食、麵粉及太白粉等粉類、餅乾等甜食當中，含有許多醣質，因此重點在於控制這些食物的攝取量。

以上的標示並沒有「醣質」，不過將碳水化合物 4.0g －食物纖維 1.0g ＝ 3.0g，就是醣質的含量。

Q. 減重期間，醣質攝取量應為多少？

A 1 餐＝ 20g 以內，1 天＝ 60 ～ 70g

有別於低卡減重法，減醣飲食的重點是控制主食。喝湯的話，即便沒有主食也容易有飽足感，此外還能輕鬆避開會使醣類增加的調味料，因此最適合用於減醣瘦身法當中。醣質的攝取量請控制在「1 天 60 ～ 70g，每餐 20g 以內」。

Q. 小朋友也能減醣嗎？

A 容易攝取過量的醣質，就靠減醣湯來調整

除了早中晚三餐之外，再加上零食等點心、口渴時喝的果汁等等，大家不難發現小朋友的飲食往往以醣類居多。為了預防肥胖，成長期或日常生活的飲食習慣非常重要。請幫小朋友調整醣質含量多的主食分量，並用能吃得美味又具飽足感的減醣湯來維持均衡飲食吧！

Q. 可以喝酒嗎？

A 依含醣量標示或類型作挑選

威士忌或燒酎等蒸餾酒，由於不含醣質，因此可以放心喝，最近市面上更出現了零醣質的發泡酒。而葡萄酒含有少量醣質，少喝比較好；至於啤酒及日本酒（清酒）則含有大量醣質，最好別喝。

Q. 為什麼「湯」是最推薦的減醣飲食？

A 無論大人還是小孩，都可以輕鬆開始

為家人準備三餐，但只有自己需要減醣飲食的時候，備餐實在很費工。但如果是加入了肉類及蔬菜，食材豐富的減醣湯，全家人都能大快朵頤又吃得飽。哪怕家裡有人認為減醣料理淡而無味而排斥，但是作成湯品，就能讓家人不知不覺的開始減醣飲食。有了減醣湯，含醣量還能視每位家人的需求，透過米飯分量作調整。

Q. 為什麼減醣飲食能瘦身？

藉由減醣而瘦身的機制

三餐飲食減醣
↓
消耗體內脂肪作為能量
↓
形成不會囤積脂肪的體質
↓
瘦下來！

A 燃燒囤積在體內的脂肪，並消耗能量

醣質在體內會轉變成葡萄糖，成為能量來源。此時為使上升的血糖值下降，體內會分泌出胰島素，但是胰島素會使多餘的葡萄糖形成體脂肪並囤積，這就是造成肥胖的一大主因。如能控制醣類的攝取，就能抑制體脂肪的囤積，並且取代葡萄糖將囤積在體內的脂肪當作能量源加以消耗掉。也因此，控制醣類的攝取即可有助於瘦身。

Q. 不能吃白飯或麵包嗎？

A 只要控制主食，就能大幅降低醣類攝取量！

1 碗（150g）白米飯的含醣類為 55.2g，8 片裝的吐司每片為 22.2g。光吃主食，1 餐的醣類建議攝取量便超量了。實在很想吃的時候，請將一天的醣質攝取量設定在 100g 以內，例如在早餐或午餐吃半碗白飯，從寬鬆的減醣飲食開始做起吧！

食物	份量	醣質
米飯	1 碗（150g）	醣質 55.2g
吐司	1 片	醣質 22.2g
烏龍麵（汆燙）	1 把（200g）	醣質 41.6g

Q. 減醣時應留意的 食材有哪些？

A 含醣量是看不出來的，請參考下列的食材含醣量

○ 建議挑選的低醣食材

雞胸肉	（100g）	0.1g
豬五花	（100g）	0.1g
牛腿肉	（100g）	0.4g
里肌火腿	（100g）	1.3g
醃鮭魚	（100g）	0.1g
鱈魚	（100g）	0.1g
雞蛋	1 個（50g）	0.2g
豆芽菜	1/4 袋（50g）	0.6g
黃豆芽	1/4 袋（50g）	0.0g
青花菜	1 個（250g）	2.0g
秋葵	3 根（24g）	0.4g
菠菜	1 把（150g）	0.5g
苦瓜	1 條（200g）	2.6g
嫩豆腐	1 塊（300g）	5.1g
板豆腐	1 塊（300g）	3.6g

× 含醣量多，避免挑選的食材

地瓜	中型 1 條（250g）	75.8g
馬鈴薯	1 個（150g）	24.4g
南瓜	1/4 個（250g）	42.7g
玉米	1 根（450g）	62.1g
冬粉	乾燥（100g）	83.4g

△ 需要控制攝取量的食材

蕃茄	1 個（150g）	5.6g
紅蘿蔔	1 條（200g）	13.0g
洋蔥	1 個（200g）	14.4g
牛蒡	1 條（200g）	19.4g
鷹嘴豆（水煮罐裝）	1/4 罐（100g）	15.8g

減醣湯的料理小秘訣

秘訣 3　提升湯品的風味，增加香氣、減少調味料用量

不趕時間的話，在烹調時建議大家多一點工序。例如，先油煎再燉煮的話，香氣會更加明顯，因此可減少調味料用量，有助於減醣。油脂是低醣食材，慎選好油，會讓減醣飲食更加輕鬆。

將新鮮鮭魚的表面煎一下，即可去腥＆增加香氣

煎成荷包蛋，香氣大增！

秘訣 1　活用刀工，巧妙減少食材含醣量

含醣量較高的紅蘿蔔及蕃茄等食材，不能用太多，但是只要切小塊一點，看起來量就會變多，這就是善用刀工的小秘訣。含醣量低、但容易乾柴的雞胸肉等食材，則可利用片肉的方式，在下刀時將纖維切斷，煮熟後的口感就能維持軟嫩。

雞胸肉只要切斷纖維，就能維持軟嫩口感

秘訣 4　含醣量高的粉類須留意用量

1 大匙麵粉的含醣量為 6.6g，1 大匙太白粉的含醣量也有 7.3g，在事前處理食材或勾芡時，應盡可能減少用量。例如容易乾柴的豬絞肉或雞胸肉加入太白粉水後，雖然會變得汁多味美，但是用量應控制在最小範圍內。

使用少量的太白粉，增加口感

秘訣 2　含醣量高的調味料，使用得宜即可

甚至連含醣量高的調味料，只要留意用量，就能有效突顯料理的美味度。舉例來說，雖然鹽麴的含醣量稍高一些，但是比味醂低，還能使料理風味變圓潤；而只要少量的蕃茄汁，就可以讓料理變成好看的紅色，不過相對來說就得減少其他食材的含醣量。別怕使用含醣量高的調味料，活用就能讓料理更美味。

蕃茄汁、鹽麴等調味料，留意用量，也能好好運用

讓全家都滿足

分量十足的
減醣湯

大家最愛吃的咖哩，
靠大塊蔬菜增加口感

飽腹感十足！
風味濃郁又具減醣效果

棒棒腿日式火鍋（p.16）

豬五花咖哩日式白蘿蔔湯（p.14）

雞肉青花菜番茄起司湯（p.19）

帶骨雞肉加上七五塊蔬菜，
好滿足的超大分量！

豬五花日式咖哩白蘿蔔湯

分量十足！

材料（4 人份）

豬五花肉片……200g
白蘿蔔……400g
青江菜……大的 1 把
小蕃茄……8 個
高湯……1L
A｜ 醬油……2 大匙
　｜ 味醂……1 大匙
　｜ 咖哩粉……1 大匙
　｜ 鹽……1 小匙
沙拉油……2 小匙

作法

備料

豬肉片切成一口大小，白蘿蔔隨意切塊，青江菜切成4～5cm 長。

拌炒

將油倒入鍋中，待油熱後將豬肉下鍋，拌炒一下，肉變色後再加入白蘿蔔迅速拌炒，最後加入高湯。

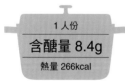

1 人份
含醣量 8.4g
熱量 266kcal

時間 30 分鐘

燉煮

煮滾後加入材料 A，接著蓋上鍋蓋以小火煮約 15 分鐘。最後加入小蕃茄與青江菜，繼續煮 4～5 分鐘就可熄火。

切成大塊的白蘿蔔，多汁且鮮味十足。
再加上咖哩的香氣，
就連小朋友也愛不釋口。

棒棒腿
日式火鍋

分量十足！

材料（4 人份）

棒棒腿……12 根
白蘿蔔……400g
紅蘿蔔……1 根（120g）
牛蒡……60g
青蔥……1/2 根
薑 (切薄片)……約 1/2 塊
A ┌ 高湯……1.2L
　├ 鹽……1 小匙
　└ 胡椒……少許
醬油……2 小匙

作法

1 人份
含醣量 7.5g
熱量 224kcal

時間 40 分鐘

①

備料

白蘿蔔切成 4cm 長後再切
成六塊，紅蘿蔔切成 1cm
厚的圓片狀，牛蒡斜切成薄
片後浸泡在水裡，青蔥切成
4 等分。

②

燉煮

將棒棒腿、蔬菜及材料 A 倒
入鍋中，然後蓋上鍋蓋開火
加熱。煮滾後再轉成小火煮
約 20 分鐘。

③

調味

待食材煮熟後，起鍋前再加
入醬油，稍微煮滾一下即可
熄火。

分量十足！

壽喜燒牛肉湯

1 人份

含醣量 6.7g

熱量 301kcal

時間 25 分鐘

材料（4 人份）

牛肉切片……300g

牛蒡……80g

白菜……300g

青蔥……1/2 根

蒟蒻絲……1 袋

A | 高湯……1.2L
  | 醬油……2 大匙
  | 酒……1 大匙
  | 砂糖、鹽……各 1 小匙

沙拉油……2 小匙

作法

1. 牛肉切成適口大小，牛蒡削成細片後迅速過水，白菜切成大片，青蔥斜切，蒟蒻絲汆燙後切成適口大小。

2. 將沙拉油倒入鍋中，油熱後將牛肉及洋蔥下鍋拌炒一下。待牛肉變色後加入白菜、牛蒡、蒟蒻絲及材料 A，然後蓋上鍋蓋。

3. 煮滾後，轉成小火再煮約15 分鐘。　　（岩崎）

利用壽喜燒食材變化成一道湯品，
加入低醣蒟蒻絲，別擔心吃不飽

18

分量十足！

雞肉青花菜蕃茄起司湯

1人份
含醣量 6.3g
熱量 331kcal

時間 25 分鐘

材料（4人份）

雞腿肉……400g
青花菜……150g
洋蔥……1個
蒜頭……1/4 瓣
鹽、胡椒……少許
高湯塊（高湯粉）……1/2 個
A｜蕃茄汁……200ml
　｜鹽……1/2 小匙
　｜胡椒……少許
橄欖油……2 小匙
比薩用起司……80g

起司遇熱融化後增加湯頭濃郁感，
卻是健康的低醣食材；
加入酸甜蕃茄口味，
誰都無法抗拒～

作法

1. 雞肉切成適口大小，撒上鹽、胡椒後混合均勻。青花菜分成小朵，洋蔥切片，蒜頭切半。

2. 橄欖油倒入鍋中燒熱，接著將雞肉下鍋油煎，待表面變色後加入蒜頭、洋蔥拌炒均勻。最後加入 800ml 的水及高湯塊後，蓋上鍋蓋燉煮。

3. 煮滾後轉成小火煮約 10 分鐘，接著加入青花菜及材料 A 後，再煮約 3 分鐘。最後撒上起司，熄火後蓋上鍋蓋悶煮使起司融化。　　　　　（岩崎）

POINT

比起用新鮮蕃茄或蕃茄罐頭，蕃茄汁會立即融入湯汁中，只要少量，就能煮出好看的紅色色澤。

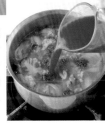

分量十足！

鱈魚櫛瓜
義式水煮魚湯

1 人份
含醣量 5.3g
熱量 135kcal

時間 20 分鐘

材料（4 人份）

新鮮鱈魚……4 片
櫛瓜……1 條
洋蔥……1/2 個
甜椒（黃）……1/2 個
小蕃茄……8 個
蒜頭……1/2 瓣
白酒……2 大匙
鹽、胡椒……各少許
A｜水……800ml
　｜高湯塊（高湯粉）……1/4 個
　｜月桂葉……1 片
B｜鹽……1/2 小匙
　｜胡椒……少許
橄欖油……1 大匙

作法

1. 鱈魚撒上鹽及胡椒。櫛瓜、洋蔥、甜椒切成 2cm 的塊狀，小蕃茄對半切，蒜頭切薄片。

2. 橄欖油倒入鍋中燒熱，將蒜頭拌炒一下，待香味出來後，將鱈魚下鍋，煎兩面，再加入白酒。

3. 煮滾後加入櫛瓜、洋蔥、甜椒和材料 A 後蓋上鍋蓋，再次煮滾後轉成小火煮 10 分鐘。最後加入小蕃茄、材料 B 調味，再煮 2～3 分鐘即可熄火。　　　　　（岩崎）

搭配蔬菜，讓湯品內容更豐富！
利用小蕃茄，增添風味，
也是視覺上的亮點

分量十足！

雞腿肉佐小松菜生薑鹽麴湯

1 人份
含醣量 4.7g
熱量 231kcal

時間 **20** 分鐘

調味料僅用鹽麴，
再搭配含醣量低的雞肉，
是風味醇厚的一道湯品

材料（4 人份）

雞腿肉……400g
小松菜……100g
金針菇……1 袋
生薑……1 塊
高湯……1L
鹽麴……2 大匙

作法

1. 雞肉切成適口大小，小松菜切成約 3cm 長，金針菇切成一半，生薑磨成泥。

2. 將高湯及雞肉倒入鍋中，蓋上鍋蓋後開火加熱。煮滾後轉成小火，再煮 10 分鐘，接著加入小松菜及金針菇。

3. 再次煮滾後，加入生薑、鹽麴，再煮 2~3 分，就可以熄火上桌了。 （岩崎）

POINT

調味料的分量會影響整道料理的含醣量，使用適量鹽麴，會比用鹽加味酥的組合方式減醣，且能增加鮮味及醇厚度。

分量十足！

高麗菜培根減醣湯

材料（4 人份）

高麗菜……1/4 個（250g）
青蔥……1/2 根
培根……2 片
A │ 水……300ml
　 │ 高湯塊……1/2 個
鹽、粗粒黑胡椒……各少許
橄欖油……1/2 小匙

作法

1. 高麗菜去芯後切成5cm的塊狀，青蔥切成2cm長，培根切絲。
2. 橄欖油倒入鍋中燒熱，倒入培根後輕輕拌炒一下，再加入高麗菜、青蔥及材料A。煮滾後撈除浮沫，蓋上鍋蓋、不要蓋緊，以稍弱的中火煮約10分鐘。
3. 盛入碗中，並撒上鹽及黑胡椒調味即可。　　　　　　　　（夏梅）

1 人份
含醣量 5.8g
熱量 127kcal

時間 20 分鐘

利用培根本身的鮮味，
讓料理的調味越單純越好

分量十足！

白菜櫻花蝦豆漿湯

材料（4人份）

白菜……200g

生薑……1/2 塊

A | 水……400ml
　 | 櫻花蝦……10g
　 | 高湯粉……1/2 小匙

豆漿……300ml

酒……2 大匙

鹽……2/3 小匙

粗粒黑胡椒……少許

作法

1. 白菜縱切對半，再切成2cm寬後分成菜芯及菜葉。生薑切絲。將白菜的菜芯、生薑及材料A倒入鍋中以中火加熱。煮滾後加入酒及鹽，並將火轉小，蓋上鍋蓋煮約15分鐘。

2. 加入白菜的菜葉，煮到變軟，接著加入豆漿稍微煮一下。最後盛入碗中，並撒上黑胡椒。（大庭）

1 人份

含醣量 3.8g

熱量 53kcal

時間 25 分鐘

豆漿的含醣量比牛奶更低，
活用在湯品食譜中，
讓減醣料理的美味不打折

用含醣量低的蛤蜊當主角，
加上辛辣有勁的泡菜，
絕對讓你吃得好過癮！

分量十足！

蛤蜊泡菜火鍋

1 人份

含醣量 6.0g

熱量 92kcal

時間 20 分鐘

材料（2 人份）

蛤蜊（帶殼）……150g
豆腐……100g
白菜泡菜……60g
白菜……1 片
紅蘿蔔……30g
青蔥……1/4 根
蒜頭……1/2 瓣
A 水……500ml
　中華風味高湯粉……1/4 小匙
　酒……1 大匙
醬油、魚露……各 1 小匙
麻油……1 小匙
芹菜絲……10g

作法

1. 蛤蜊吐沙，並將外殼相互摩擦清洗乾淨。豆腐去水，泡菜隨意切碎，白菜片成較大的一口大小，紅蘿蔔切成薄長方形，青蔥斜切，蒜頭切片。

2. 麻油倒入鍋中燒熱，將蒜頭及青蔥拌炒一下。待爆香後加入泡菜拌炒，最後加入材料 A、白菜及紅蘿蔔。

3. 煮滾後加入蛤蜊，待開口後將火轉小，再加入醬油及魚露調味。最後將豆腐用湯匙舀起來加入鍋中，接著盛盤並撒上芹菜。（岩崎）

青江菜和豆芽菜，
都是低含醣量的蔬菜，
多吃也不擔心醣質超標

分量十足！

水雲青江菜減醣湯

1 人份
含醣量 6.2g
熱量 80kcal

時間 **15** 分鐘

材料（4 人份）

青江菜……2 株（200g）
豆芽菜……約 150g
豆腐……1/2 塊（150g）
醋醃水雲……1 袋
A｜水……600ml
　｜雞高湯粉……2 小匙
　｜醬油……1 小匙
鹽、胡椒……各少許

作法

1. 青江菜分成菜梗及菜葉，菜梗
   縱切成長條狀，菜葉大略切
   碎。豆芽菜去尾。豆腐去水並
   用手剝成一口大小。

2. 材料 A 倒入鍋中燒熱，再倒入
   豆腐、青江菜的菜梗及豆芽菜
   後煮滾一下。

3. 加入青江菜的菜葉和醋醃水雲
   後稍微煮一下，最後以醬油、
   鹽及胡椒調味。　　　（牧野）

豐富風味的麻油，也是低醣的食材之一；
喝下加了麻油的湯品，讓身體暖和起來

分量十足！

絞肉白蘿蔔低醣湯

1 人份

含醣量 1.5g

熱量 83kcal

時間 15 分鐘

材料（2 人份）

豬絞肉……100g

白蘿蔔……150g

蒜片……1 瓣的分量

紅辣椒（去籽）……1 根

酒……1 大匙

A | 醬油……1/2 小匙

鹽、胡椒……各少許

麻油……1/2 大匙

作法

1. 白蘿蔔切丁，大小約 1cm。

2. 麻油倒入鍋中燒熱，再倒入紅辣椒、蒜片及絞肉拌炒一下。炒至鬆散後加入白蘿蔔丁拌炒，等到白蘿蔔煮至透明後，加入 600ml 的熱水及酒。

3. 煮滾後撈除浮沫，待白蘿蔔煮軟後加入材料 A。盛入碗中，如有已汆燙的白蘿蔔菜葉可用來裝飾。

（檢見崎）

分量十足！

青江菜蜆仔竹筍湯

1 人份
含醣量 3.0g
熱量 54kcal

時間 15 分鐘

材料（2 人份）

青江菜……大的 1 株
蜆仔（帶殼）……150g
水煮竹筍……小的 1/2 個
生薑……1 塊
A｜酒、鹽……各少許
B｜水……400ml
　｜酒……1 大匙
鹽、胡椒……各少許
麻油……1 小匙

作法

1. 青江菜分作菜葉及菜梗，菜葉切成一口大小，菜梗切成 8 等分。蜆仔吐沙，並將外殼相互摩擦清洗乾淨。竹筍縱切成薄片，再用加入材料 A 的熱水汆燙。生薑切絲。

2. 麻油倒入鍋中燒熱後將生薑拌炒一下，爆香後加入青江菜的菜梗及竹筍，再以中火迅速拌炒。

3. 加入蜆仔及材料 B，煮 2～3 分鐘。待蜆仔開口後加入青江菜的菜葉，最後以鹽、胡椒調味。

（館野）

加入低醣食材的蜆仔，
藉由貝類的天然高湯增加鮮甜味

分量十足！

高麗菜絲冬瓜中華風味湯

1 人份
含醣量 7.7g
熱量 83kcal

時間 20 分鐘

材料（2 人份）

高麗菜……1/6 個（200g）

冬瓜……1/8 個（150g）

豆腐……1/2 塊（150g）

A 水……500ml
　雞高湯粉……2 小匙
　蠔油……2 小匙

鹽、胡椒……各少許

作法

1. 高麗菜切絲，冬瓜去籽去皮後切成長方形，豆腐切成長方形。

2. 將材料 A 和冬瓜倒入鍋中，開火加熱，以中火煮約 5 分鐘。待冬瓜煮軟後，加入豆腐及高麗菜，接著再次煮滾，以蠔油、鹽及胡椒調味即可。　　　（牧野）

高麗菜和冬瓜都是低醣蔬菜。
搭配豆腐，就是健康又飽足的一餐。

1 人份
含醣量 2.3g
熱量 60kcal

時間 15 分鐘

 分量十足！

泰式酸辣湯

材料（2 人份）
蝦子……6 尾（淨重 90g）
糯米椒……8 根
米玉筍……2 根
鴻喜菇……60g
紅辣椒（切片）……1 根
檸檬片（切半圓）……2 片
酒……1 大匙
中華風味高湯粉……1/6 小匙
魚露……2 小匙
香菜……少許

作法

1. 蝦子去殼後開背，並去除腸泥。糯米椒及玉米筍斜切對半。鴻喜菇分成小朵。

2. 將 400ml 的水及酒倒入鍋中煮滾，再加入中華風味高湯粉，並倒入蝦子、糯米椒、玉米筍、鴻喜菇和紅辣椒後燉煮。

3. 待蝦子變色煮熟後，加入魚露和檸檬。之後盛入碗中，再擺上撒碎的香菜即完成。

（岩崎）

分量十足！

煎鮭魚鴻喜菇
日式濃湯

材料（4 人份）

新鮮鮭魚……4 片
鴻喜菇……150g
蕪菁……3 個
蕪菁葉……20g
高湯……1L
鹽……適量
醬油……1 小匙
沙拉油……1 小匙

作法

1. 將 1 片鮭魚切成 3 塊，撒上 1/2 小匙的鹽醃 5 分鐘左右，再將水分擦乾。鴻喜菇分成小朵。蕪菁磨成泥，蕪菁葉切成小塊。

2. 平底鍋燒熱後加入沙拉油，將鮭魚的表面油煎一下。

3. 將高湯倒入鍋中煮滾，再倒入作法 2 及鴻喜菇，並蓋上鍋蓋煮 7 ～ 8 分鐘。最後加入 1 小匙的鹽及醬油，再加入瀝乾水分的蕪菁泥與蕪菁葉，稍微煮滾即可。　　　　　　（岩崎）

POINT

鮭魚在煮之前先稍微油煎一下，不僅可去除魚腥味，還能增加湯品的香氣，使味道變得有深度，藉此減少調味料的用量。

將蕪菁磨泥煮成湯，讓味道融合在湯裡，用魚類及鴻喜菇當食材，降低含醣量

高麗菜捲奶油湯

1 人份
含醣量 5.5g
熱量 349kcal

時間 30 分鐘

只要「將整塊牛肉包起來」的超簡單作法，就能輕鬆把一道人氣湯品端上桌

材料（4 人份）

高麗菜……小的 8 片
牛肉絲……300g
洋蔥……1/4 個
A　鹽……1/3 小匙
　　胡椒、肉荳蔻粉……各少許
B　水……800ml
　　高湯塊（高湯粉）……1 個
　　鹽……1/2 小匙
　　胡椒……少許
　　月桂葉……1 片
鮮奶油……50ml
奶油……1 大匙

作法

1. 高麗菜每 4 片用保鮮膜包起來，以微波爐（600W）加熱 3 分鐘，接著直接放涼，以相同作法加熱，待冷卻後削掉菜芯。牛肉切成方便食用的大小，撒上材料 A 後拌勻。洋蔥切片。

2. 將牛肉、洋蔥及高麗菜的菜芯分成 8 等分，各擺在 1 片高麗菜上，將菜葉左右折進來，再捲起來，並用牙籤固定。

3. 鍋子燒熱後將奶油融化，接著放入作法 2 的菜捲，將表面稍微油煎一下。加入材料 B，再蓋上鍋蓋，煮滾後轉成小火煮約 15 分鐘，直到變軟為止，最後加入鮮奶油再煮滾一下即可。

（岩崎）

分量十足！

蕈菇豬五花湯

1 人份

含醣量 5.6g

熱量 290kcal

時間 **15** 分鐘

加入大量菇類，滿滿的減醣食材，
給小朋友吃的話，記得減少豆瓣醬用量

材料（2 人份）

香菇、鴻喜菇、舞菇、金針菇、杏
鮑菇等……合計 100g

豬五花肉片……100g

蒜末、薑末……各 1/2 塊

蛋液……1 個的分量

豆瓣醬……1 小匙

A | 水……400ml
  | 醬油……2 小匙
  | 雞高湯粉……1 小匙

醋……1.5 大匙

B | 太白粉……2 小匙
  | 水……4 小匙

沙拉油……1 小匙

作法

1. 香菇切成 5cm 厚的薄片，鴻喜菇、
   舞菇、金針菇撕開，杏鮑菇撕成適
   口大小，豬肉切成 5mm 寬。

2. 沙拉油倒入鍋中燒熱，再倒入蒜
   末、薑末、豆瓣醬，尚未爆香前持
   續以小火耐心拌炒。加入豬肉後迅
   速拌炒一下，再加入菇類拌炒。

3. 加入材料 A 後燉煮 3 ～ 4 分鐘，
   接著加入醋後將火關小，並加入
   材料 B 的太白粉水。最後加入蛋
   液，煮成鬆軟的蛋花。盛盤後依
   個人喜好淋上醋或撒上胡椒。

（堤）

分量十足！

分蔥泡菜蛤蜊味噌湯

1 人份
含醣量 3.6g
熱量 40kcal

時間 10 分鐘

加入低醣的蛤蜊，
讓湯品增鮮提味

材料（4 人份）

分蔥……小的 1 把（100g）
白菜泡菜……50g
蛤蜊（已吐沙）……300g
A | 水……800ml
  | 昆布……1 片（3×3cm）
  | 酒……1 大匙
味噌……2 ～ 2.5 大匙

作法

1. 分蔥分切成蔥白部分與蔥綠部分，再分別切成 2 ～ 3cm 長。泡菜切成 5mm 寬。蛤蜊將外殼相互摩擦清洗乾淨，並將水分瀝乾。

2. 將材料 A、蛤蜊及蔥白部分倒入鍋中以中火加熱，煮滾後取出昆布，並轉成稍弱的中火後將浮沫撈除。

3. 待蛤蜊開口後，加入蔥綠部分再稍微煮一下，並用湯汁將味噌化開後加入鍋中。在快要煮滾的前一刻熄火，盛入碗中，再擺上泡菜。（今泉）

1 根（100g）青蔥的含醣量為 5.8g，
保證一道料理中的醣份不超標

分量十足！

蔥花培根西式蛋花湯

1 人份
含醣量 9.7g
熱量 219kcal

時間 15 分鐘

材料（2 人份）

青蔥……2 根（200g）
蒜頭……1 瓣
甜椒（紅）……1/2 個（80g）
豆苗……1/2 包（70g）
培根……2 片
雞蛋……1 個
A｜水……500ml
　｜高湯粉……1 小匙
鹽、胡椒……各少許
橄欖油……2 小匙

作法

1. 青蔥切成蔥花直到蔥綠部分為止，蒜頭及甜椒切片，豆苗切成 3～4cm 長，培根切成 1cm 寬，雞蛋打散。

2. 將橄欖油及蒜頭倒入鍋中加熱，爆香後加入培根拌炒。待培根油脂冒出後，再加入青蔥拌炒均勻。

3. 加入甜椒及材料 A，煮滾後加入豆苗。待煮軟後將蛋液以畫圈方式倒入鍋中，並以鹽及胡椒調味。　（牧野）

分量十足！ # 牛肉泡菜減醣湯

1 人份
含醣量 3.6g
熱量 139kcal

時間 15 分鐘

材料（2 人份）

牛腿火鍋肉片（涮涮鍋用）
……60g
水煮竹筍……50g
分蔥……2 根
白菜泡菜……40g
黃豆芽……100g
A | 水……400ml
| 雞高湯粉……1/2 小匙
| 酒……1 大匙
味噌……1/2 大匙
醬油……1 ～ 1 又 1/2 小匙
沙拉油……1/2 大匙

讓湯品增加醇厚口感的牛肉，也是低醣食材，
有肉有菜的韓式湯品，絕對讓你滿足

作法

1. 牛肉切成一口大小，竹筍切
   片再用水汆燙後瀝乾水分，
   分蔥切成 3cm 長，泡菜切成
   適口大小。

2. 沙拉油倒入鍋中燒熱後，將
   竹筍下鍋拌炒一下，接著加
   入牛肉繼續拌炒。然後加入
   材料 A，煮滾後撈除浮沫，
   再加入黃豆芽並蓋上鍋蓋，
   煮約 2 分鐘左右。

3. 依序加入分蔥的蔥白與蔥
   綠，迅速煮一下，再將味噌
   化入鍋中，並以醬油調味。
   最後盛入碗中，再擺上泡菜。

（今泉）

分量十足！

高麗菜豬肉湯

1 人份
含醣量 50g
熱量 197kcal

時間 10 分鐘

材料（4 人份）

豬肉塊……200g
高麗菜……200g
紅蘿蔔……50g
高湯……700ml
味噌……3 大匙
沙拉油……1 大匙

作法

1. 豬肉片成 4 ～ 5cm 厚，高麗菜大略切成小塊，紅蘿蔔切成 5mm 厚的圓片狀。
2. 沙拉油倒入鍋中燒熱，並以大火拌炒豬肉，變色後加入高麗菜及紅蘿蔔拌炒均勻，待炒勻後注入高湯。
3. 煮滾後撈除浮沫，煮 2 ～ 3 分鐘後再將味噌化入鍋中即可完成。

（檢見崎）

豬肉的部位可以任選，
正值成長期的孩子一定要品嚐看看

分量十足！

豬肉韭菜蒜頭湯

1 人份
含醣量 2.0g
熱量 261kcal

時間 15 分鐘

雞蛋也是低醣食材，加入韭菜和蒜頭，
喝完湯之後讓你活力滿滿、精力充沛

材料（4 人份）

豬五花肉片……200g
韭菜……1 把
蒜頭……2 瓣
雞蛋……2 個
A　水……700ml
　　雞高粉粉、酒
　　……各 1 大匙
　　鹽、胡椒……各少許
麻油……1 小匙

作法

1. 豬肉切成 3 ～ 4cm 長，韭菜切成 2cm 長，蒜頭切片。

2. 麻油倒入鍋中燒熱，將韭菜拌炒一下，待爆香後加入豬肉拌炒。接著加入材料 A，煮滾後加入韭菜再煮 2 ～ 3 分鐘。

3. 以鹽、胡椒調味，再以畫圈方式倒入打散的蛋液。

（森）

分量十足！

埃及國王菜小蕃茄湯

利用菜葉的天然黏液，
成為湯品中的美味芡汁！

1 人份
含醣量 8.6g
熱量 259kcal

時間 20 分鐘

材料（2 人份）

埃及國王菜……1 把（150g）

小蕃茄……10 個（100g）

青蔥……1 把（100g）

紅蘿蔔……1/3 根（50g）

豬肉絲……100g

薑片……3 ～ 4 片

紅辣椒……1 根

鹽、胡椒……各適量

A | 水……500ml
  | 雞高湯粉……1/2 大匙
  | 魚露……2 小匙

沙拉油……1 大匙

作法

1. 將埃及國王菜的菜葉摘下，用熱水汆燙，過水後擰乾，再切成細碎狀。小蕃茄切成一半。

2. 將青蔥的蔥綠部份切成蔥花。紅蘿蔔切絲。紅辣椒切成一半後去籽。豬肉切成適口大小，再撒上少許的鹽及胡椒。

3. 將沙拉油、薑片及紅辣椒倒入鍋中加熱，並加入豬肉拌炒一下。待肉變色後，再加入青蔥、紅蘿蔔、小蕃茄拌炒均勻。

4. 待所有食材炒勻後，加入材料 A 煮滾，接著加入魚露、埃及國王菜迅速煮一下，最後以少量的鹽、胡椒調味。　　（牧野）

分量十足！

酸辣湯

1 人份
含醣量 5.6g
熱量 215kcal

時間 20 分鐘

材料（4 人份）

豬肉片……150g
白菜……2 片
紅蘿蔔……1/2 根
青蔥……1 根
香菇……2 朵
豆腐……1/2 塊
雞蛋……2 個
雞高湯粉……2 小匙
鹽……1 小匙
醬油……2 小匙
醋……適量
粗粒黑胡椒……適量
麻油……1 大匙

充分發揮醋的風味，同時減鹽，
享受美味又健康的一道湯品

作法

1. 豬肉、白菜及紅蘿蔔切成 1.5cm 寬的長方形，青蔥斜切成薄片，香菇切片，豆腐切成 1×2cm 左右的塊狀。

2. 將 1.2L 的水、雞高湯粉及作法 1 倒入鍋中煮滾，再一邊撈除浮沫一邊煮 7 分鐘左右。

3. 待食材熟透後加入鹽、胡椒，接著慢慢地以畫圈方式倒入打散的蛋液並煮熟，起鍋前加入 2 大匙醋及麻油。

4. 在各自的碗中依個人喜好酌量加入黑胡椒及醋後，再舀入作法 3，拌勻後享用。建議一邊試味道一邊加醋。

蛤蜊搭配高麗菜，
是鮮甜可口的低醣高湯

分量十足！

蛤蜊高麗菜味噌湯

1 人份
含醣量 3.7g
熱量 49kcal

時間 10 分鐘

材料（4人份）

蛤蜊（已吐沙）……500g

高麗菜……150g

高湯用昆布……1 片（4cm 大的方形）

味噌……3 大匙

蔥花……少許

作法

1. 將蛤蜊、800ml 的水及高湯用昆布倒入鍋中以小火加熱，煮滾後撈除浮沫，再蓋上鍋蓋煮至蛤蜊開口為止。

2. 高麗菜切成 3cm 的塊狀後加入鍋中，並蓋上鍋蓋燉煮，接著將味噌化入鍋中；要喝的時候，舀入碗中、再撒上青蔥即可。 （大庭）

Part 2

立刻上桌，輕鬆完成

省時又簡單的
減醣湯

用微波爐、免開火的超方便湯料理，以及 5 分鐘、
10 分鐘輕鬆上桌的省時作法，還有用兩種食材完成
的簡單好湯提案，在忙碌的早晨，或疲憊的下班後，
立刻就能把一鍋熱騰騰的湯端上桌。

切好材料，按下按鈕就好

善用料理家電，輕鬆完成

免開火！用微波爐就能做的減醣湯

沒有時間煮，但又需要趕快把料理端上桌的時候，或是只有 2 人份的餐點，不想大費周章的開火調理時，有了微波爐，就能輕鬆端出省時又簡單、營養滿點的減醣湯；秘訣就是搭配低醣的肉類以及容易煮熟的蔬菜。在忙碌的早晨，能幫你輕鬆、快速的端出豐盛的早餐。

作法

微波爐
按一下就完成

雞里肌菠菜生薑湯

材料（4 人份）

雞里肌……1 條
油豆腐……1/2 片
菠菜……50g
薑片……2 片
A｜高湯……400ml
　｜鹽……1/3 小匙
　｜醬油……1 小匙

1 人份
含醣量 0.9g
熱量 65kcal

時間 15 分鐘

1 切材料

把雞肉成薄片，將纖維切斷；油豆腐切絲，菠菜切成 3cm 長，薑片切絲。

2 倒入調理碗中

將菠菜倒入耐熱調理碗中，再撒上油豆腐及薑絲，然後將切片的雞肉攤開擺上去。

2 微波爐加熱

加入混合均勻的材料 A，鬆鬆地上保鮮膜，以微波爐（600W）加熱 7 分鐘。接著直接放著悶煮 2 分鐘左右，最後盛盤即可。

切成大塊的白蘿蔔，低醣的雞里肌，
須切片才容易煮熟。
同時再加入菠菜，用微波爐加熱，
就可以簡單完成

醃鮭魚豆芽菜青蔥湯

微波爐
按一下就完成

材料（2 人份）

醃鮭魚……1 片
豆芽菜……100g
青蔥……10cm
麻油……1 小匙
A | 水……400ml
　 | 中華風味高湯粉
　 | 　……1/2 小匙
　 | 鹽……1/6 小匙
　 | 胡椒……少許

作法

1. 鮭魚切片，青蔥切成蔥花。
2. 將鮭魚、豆芽菜、青蔥及麻油
   倒入耐熱調理碗中混合均勻，
   再加入材料 A 後鬆鬆地罩上保
   鮮膜，並以微波爐（600W）加
   熱 7 分 30 秒。取出後放著悶煮
   2 分鐘左右，最後盛盤即可。

（岩崎）

藉由鮭魚的鹹味突顯出風味的層次，
再用低醣的豆芽菜增加分量

1 人份
含醣量 1.5g
熱量 90kcal

時間 15 分鐘

小熱狗白菜湯

微波爐
按一下就完成

1 人份
含醣量 2.0g
熱量 76kcal

時間 **15** 分鐘

白菜含醣量低，可以多加一些，
再用小朋友喜歡的小香腸，
增加濃郁的鮮甜滋味

材料（2 人份）

小香腸……2 根
白菜……1 片
A｜ 水……400ml
　｜ 中華風味高湯粉……1/4 小匙
　｜ 醬油……1 小匙
辣油……少許

作法

1. 小香腸斜切成薄片，白菜片開。
2. 將作法 1 疊放進耐熱調理碗中，再加入拌勻的材料 A，然後鬆鬆地罩上保鮮膜，並以微波爐（600W）加熱 7 分鐘。取出後放著悶煮 2 分鐘左右，最後盛盤，並撒上辣油。　　（岩崎）

▶ **POINT**

小香腸擺在下方，再將不容易煮熟的白菜擺在上頭，這樣在微波加熱後才能平均熟透，還能減少加熱後變乾柴的機會。

45

味噌湯也能用微波爐煮好，
在忙碌的早晨，
輕鬆悠閒的端出好料理

微波爐
按一下就完成

小松菜油豆腐
味噌湯

1 人份

含醣量 2.8g

熱量 63kcal

時間 **9** 分鐘

材料（2 人份）

小松菜……4 根

油豆腐……1/2 片

高湯……300ml

味噌……1.5 大匙

作法

1. 小松菜大略切碎，油豆腐去油後切成
   1cm 寬。

2. 將高湯及味噌倒入耐熱容器中拌勻，再
   加入作法 1 後鬆鬆地罩上保鮮膜，以微
   波爐（600W）加熱 3 分鐘後即可完成。

（牛尾）

使用了低醣的鱈魚，
呈現陶鍋料理的風味

微波爐
按一下就完成

1 人份

含醣量 1.9g

熱量 51kcal

鱈魚白蘿蔔清湯

時間 **11** 分鐘

材料（2 人份）

鱈魚……1 片

白蘿蔔……60g

高湯……300ml

酒……2 小匙

A│鹽……1 小撮

　│淡醬油……2 小匙

　│蔥花……適量

作法

1. 鱈魚片成一口大小，白蘿蔔切成長方形。

2. 將鱈魚及白蘿蔔倒入耐熱調理碗中，再注入酒及高湯。不蓋保鮮膜，直接以微波爐（600W）加熱 4 分 50 秒。最後加入材料 A 再盛入碗中，並撒上萬能蔥。

（牛尾）

蝦仁高麗菜蕃茄湯

用蕃茄汁帶出食材本身的香甜，
不用再添加多餘的調味料

材料（2人份）

蝦子……6尾

高麗菜……1片

A　水……300ml

　　蕃茄汁……100ml

　　橄欖油……1小匙

　　鹽、胡椒……各少許

作法

1. 蝦子去殼後再去除腸泥，高麗菜切成2～3cm的方形。

2. 依序將蝦子和高麗菜倒入耐熱調理碗中，再加入拌勻的材料A，然後鬆鬆地罩上保鮮膜，以微波爐（600W）加熱7分鐘。取出後悶煮2分鐘左右，最後盛盤。

（岩崎）

1人份

含醣量 2.8g

熱量 70kcal

時間 13 分鐘

勾一點芡汁，大人小孩都喜歡

微波爐
按一下就完成

蝦米蛋花湯

1 人份

含醣量 3.2g

熱量 62kcal

時間 15 分鐘

材料（2 人份）

蝦米……1 大匙（6g）

蛋液……1/2 個的分量

白菜……80g

A | 雞高湯粉……1 小匙
  | 鹽……1/3 小匙
  | 醬油……少許

太白粉……1/2 大匙

麻油……1 小匙

作法

1. 將蝦米、100ml 的水倒入耐熱調理碗中，蓋上保鮮膜使之緊貼在水面上。以微波爐（600W）加熱 1 分 30 秒，取出後稍微放涼，將蝦米和蝦米水分開。

2. 白菜切絲，以便將纖維切斷。

3. 把耐熱調理碗內泡發蝦米的水加到 400ml，再加入材料 A 拌勻，並加入蝦米及作法 2。蓋上保鮮膜以微波爐加熱 5 分鐘，接著取出拌勻，再將太白粉以 1/2 大匙的水化開後倒入碗中拌勻。最後加入麻油，以畫圈方式倒入蛋液，並蓋上保鮮膜繼續加熱 2 分鐘。

（小林）

昆布不僅低醣，還富含鮮味，
用最簡單的材料帶出食材的原味

微波爐
按一下就完成

昆布絲清湯

1 人份

含醣量 2.1g

熱量 12kcal

時間 ⑨ 分鐘

材料（2 人份）

昆布絲……10g

高湯……300ml

A 淡色醬油……2 小匙
　 鹽……1 小撮

切絲的柚子皮……適量

作法

1. 將高湯及材料 A 倒入耐熱調理碗，再
   鬆鬆地罩上保鮮膜以微波爐（600W）
   加熱 2 分 20 秒。

2. 將昆布絲倒入碗中，再注入作法 1，
   最後撒上柚子皮。　　　　　（牛尾）

靠低醣的蛤蜊與豆漿，
煮出小朋友也愛喝的人氣湯品

微波爐
按一下就完成

蛤蜊濃湯

1 人份
含醣量 4.4g
熱量 92kcal

時間 (10) 分鐘

材料（1 人份）

蛤蜊罐頭（連同湯汁）
……1 大匙
培根……1/2 片
小松菜……1 株
太白粉……1 小匙
A│水……100ml
　│豆漿……50ml
　│鹽……少許

作法

1. 用料理剪刀將培根剪成 1cm 寬，小松菜剪成 4cm 長，接著倒入耐熱的馬克杯中，再均勻撒上太白粉。

2. 加入蛤蜊、材料 A 後充分拌勻，再蓋上保鮮膜以微波爐（600W）加熱 2 分 30 秒。取出後充分攪拌均勻。　（Danno）

蛋包味噌湯

1 人份
含醣量 2.9g
熱量 109kcal

時間 **10** 分鐘

材料（2 人份）

雞蛋……2 個
高湯……300ml
味噌……1.5 大匙
鴨兒芹……適量

作法

1. 將高湯與味噌倒入耐熱容器中拌勻，然後鬆鬆地罩上保鮮膜，以微波爐（600W）加熱 3 分鐘。
2. 打顆蛋後再鬆鬆地罩上保鮮膜，並以微波爐加熱 2 分鐘。盛入碗中，再撒上切成 2cm 長的鴨兒芹。

（牛尾）

人人都愛的經典口味～！
打顆蛋進去，享受不同的風味變化

微波爐
按一下就完成

海帶芽減醣湯

1 人份
含醣量 0.7g
熱量 9kcal

時間 **5** 分鐘

材料（2 人份）

海帶芽（乾燥）
……1 小撮
豆芽菜……30g
梅干（去籽）……1/2 個
柴魚片……1 小撮
醬油、鹽……各少許

作法

1. 依序將柴魚片、豆芽菜、海帶芽和梅干倒入耐熱的馬克杯中，再加入醬油、鹽、150ml 的水。

2. 以微波爐（600W）加熱 2 分 30 秒。取出後拌勻，再加入壓碎的梅干，即可享用。

（Danno）

海藻是超棒的低醣食材，
每碗含醣量只有 0.7g

濃稠口感更好喝 **減醣濃湯**

西式濃湯或日式濃湯的湯頭裡，融合了蔬菜的鮮甜味與菁華，不但口感極佳，在提不起食欲的時候，更好比救世主一樣。但是切記，減醣的關鍵在於減少根莖菜的使用，並且要善用豆漿等低醣食材。

用含醣量低於牛奶的豆漿，讓湯頭圓潤順口

紅蘿蔔豆漿西式濃湯

材料（4人份）

紅蘿蔔……小的 1 條
洋蔥……1/2 個
雞高湯……300ml
A ｜ 豆漿……200ml
　｜ 鹽……1/2 小匙
　｜ 胡椒……少許
　｜ 味噌……1 小匙
奶油……10g

作法

1. 紅蘿蔔、洋蔥切片。
2. 奶油倒入鍋中加熱融化，將作法 1 拌炒一下。待炒軟後加入雞高湯，煮約 5 分鐘。
3. 將作法 2 和材料 A 放入食物調理機打碎，打至滑順後倒回鍋中加熱，接著盛入碗中，最後再以畫圈方式倒入少許豆漿（分量另計）。（牛尾）

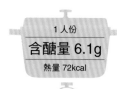

1人份
含醣量 6.1g
熱量 72kcal

時間 15 分鐘

搭配含醣量低於牛奶的鮮奶油，
湯頭更加濃郁醇厚

櫛瓜泥西式冷濃湯

1 人份

含醣量 6.0g

熱量 204kcal

時間 (15) 分鐘

※ 不包含冷卻的時間

材料（4 人份）

櫛瓜……1 條（150g）

洋蔥泥……3 大匙

A｜牛奶……300ml
　｜高湯粉……2/3 小匙

鮮奶油……100ml

鹽……1/4 小匙

胡椒、咖哩粉……各少許

橄欖油……1 大匙

作法

1. 櫛瓜磨成泥。將橄欖油及洋蔥倒入鍋中加熱，
   待爆香後加入櫛瓜，再迅速拌炒一下。

2. 加入材料 A 後加熱至快要沸騰，接著以鹽、
   胡椒調味，然後熄火。加入鮮奶油拌勻，稍
   微放涼後放入冷藏庫約 1 個小時。

3. 盛入碗中，再撒上咖哩粉。 （小林）

靠毛豆與豆漿兩種食材，
完美的維持減醣飲食

毛豆豆漿西式濃湯

1 人份
含醣量 6.8g
熱量 142kcal

時間 15 分鐘
※ 不包含冷卻的時間

材料（4 人份）

毛豆（帶豆筴）……200g
調味豆漿……200ml
鹽、胡椒、粗粒黑胡椒……各少許

作法

1. 毛豆煮軟後從豆筴中取出，再倒入食物調理機中。接著加入
   豆漿、鹽及胡椒後攪打至滑順為止，然後放在冷藏庫冷卻。

2. 注入容器中，並撒上黑胡椒。　　　　　　　　　　　　（高谷）

蓮藕含醣量較高，須減量使用；
磨成泥後讓風味均勻融合

蓮藕泥扇貝日式濃湯

1 人份
含醣量 6.5g
熱量 49kcal

時間 10 分鐘

材料（4 人份）

蓮藕……200g
扇貝罐頭……70g
高湯……800ml
A | 鹽……1 小匙
  | 胡椒……少許
  | 醬油……1 小匙
蔥花……適量

作法

1. 蓮藕磨成泥。
2. 將高湯倒入鍋中加熱，再將扇貝的罐頭湯汁稍微瀝乾後，與作法 1 加入鍋中熬煮。
3. 以材料 A 調味後盛入碗中，再撒上蔥，即可享用。（牛尾）

充分感受到蕪菁的鮮甜味，
搭配富含蛋白質的雞絞肉，一碗就滿足

蕪菁泥日式濃湯

1 人份
含醣量 5.0g
熱量 98kcal
時間 15 分鐘

材料（4 人份）

蕪菁……4 個
雞絞肉……100g
酒……2 大匙
味噌……3～4 大匙
沙拉油……1 小匙
切成末的蕪菁菜葉……少許

作法

1. 蕪菁磨成泥。

2. 沙拉油倒入鍋中燒熱後，將絞肉拌炒一下，再
   撒上酒。接著加入 500ml 的水，煮滾後將火
   關小並撈除浮沫，再蓋上鍋蓋煮約 8 分鐘。

3. 加入作法 1 後煮滾，再將火關小煮約 1 分鐘。
   然後將味噌化入鍋中，並倒入蕪菁的菜葉，再
   稍微煮一下即可。

（大庭）

步驟簡單、不花時間

省時又輕鬆

5分鐘就能上桌的
快速減醣湯

肚子餓的時候,與其吃零食或甜點,不如來碗5分鐘就能完成的速成湯。使用備料步驟簡單、不花時間燉煮的食材,輕輕鬆鬆煮出一道減醣湯品吧!

5分鐘上桌

豬肉萵苣
異國風味湯

1人份

含醣量 1.4g

熱量 203kcal

時間 ⑤ 分鐘

材料(2人份)

豬肉片……150g

萵苣……2 片

鴻喜菇(已分切)……80g

A│水……500ml
│中華風味高湯粉
│……1/2 小匙

魚露……1 又 1/2 小匙

胡椒……少許

作法

1. 豬肉太大片時,可切成適口大小,萵苣也撕成適口大小。

2. 將材料 A 倒入鍋中開火加熱,煮滾後倒入豬肉及鴻喜菇煮2~3分鐘。加入萵苣,再次煮滾後以魚露、胡椒調味。盛入碗中,並依個人喜好撒上香菜。　　　(岩崎)

使用分切好的鴻喜菇,縮短烹調時間

蔬菜絞肉羹湯

1 人份
含醣量 5.8g
熱量 170kcal

時間 **5** 分鐘

材料（2 人份）

綜合蔬菜……150g

豬絞肉……100g

A │ 高湯……400ml
　│ 醬油……1 小匙
　│ 鹽……1/4 小匙

B │ 太白粉……2 小匙
　│ 水……4 小匙

麻油……1 小匙

作法

1. 麻油倒入鍋中燒熱後，將絞肉拌炒一下，待變色後加入蔬菜再迅速拌炒均勻。

2. 加入材料 A 後煮滾，再以畫圈方式倒入材料 B 的太白粉水勾芡，然後稍微煮滾即可。　　　（岩崎）

POINT

太白粉含醣量雖高，只要減半使用便無須擔心。就連容易鬆散的絞肉，只需稍微勾點芡，即可方便食用，大快朵頤。

活用不需要花時間切塊的綜合蔬菜，
勾芡的滑順口感，小朋友也會喜歡

用 2 種低醣食材，
再加上口味辛辣的泡菜

5 分鐘**上桌**

1 人份
含醣量 3.6g
熱量 67kcal

時間 5 分鐘

蛤蜊豆腐泡菜湯

材料（4 人份）

蛤蜊（已吐沙）
……200g
豆腐……1 塊
白菜泡菜……160g
A 水……800ml
   雞高湯粉
   ……1/2 小匙

作法

1. 蛤蜊將外殼相互摩擦清洗乾淨。
2. 將蛤蜊及材料 A 倒入鍋中開火加熱，
   煮滾後轉成小火煮約 2 分鐘。
3. 豆腐剝成大塊後加入鍋中，再加入泡
   菜。接著再次煮滾後熄火。　　（夏梅）

利用快熟的蔬菜，完成香氣
四溢的美味湯品

5 分鐘上桌

四季豆蘘荷
味噌湯

1 人份

含醣量 3.6g

熱量 36kcal

時間 **5** 分鐘

材料（4 人份）

四季豆……100g

蘘荷……2～3 個

高湯……800ml

味噌……3 大匙

作法

1. 四季豆去蒂，再切成 2cm 長。蘘荷整條切成薄片，再倒入容器中。

2. 將高湯倒入鍋中以中火煮滾，接著加入四季豆後蓋上鍋蓋，煮 2～3 分鐘。最後將味噌以湯汁化開後加入鍋中，再注入作法 1 中。

（今泉）

5 分鐘上桌

減醣納豆湯

1 人份
含醣量 5.3g
熱量 90kcal

時間　5　分鐘

材料（2 人份）

納豆（切碎）……1 盒
青江菜……1 株
香菇……3 朵
高湯……400ml
酒……1 大匙
味噌……1.5 大匙
黃芥末醬……少許

作法

1. 青江菜先切成 4 等分後清洗乾淨，再切成 1cm 長。香菇切成對半後再切成 5mm 厚。
2. 將高湯、香菇倒入鍋中開火加熱，煮滾後再加酒煮約 1 分鐘。然後加入青江菜的菜梗稍微煮一下，再加入菜葉。
3. 再次煮滾後將味噌化入鍋中並熄火，接著加入納豆攪拌一下。盛入碗中，並擺上黃芥末。

（今泉）

納豆也是低醣食材，
給小朋友吃的話，記得別加黃芥末

5 分鐘上桌

鮪魚白蘿蔔泥湯

1 人份
含醣量 4.6g
熱量 29kcal

時間 **5** 分鐘

材料（4 人份）

鮪魚罐頭⋯⋯30g
白蘿蔔⋯⋯100g
高湯⋯⋯300ml
A ｜ 醬油⋯⋯1/4 小匙
　｜ 鹽⋯⋯少許
太白粉⋯⋯1/2 大匙
薑泥⋯⋯少許

作法

1. 鮪魚瀝除罐頭湯汁。白蘿蔔磨成泥，再倒入篩網中瀝乾水分。

2. 將高湯倒入鍋中開火加熱，煮滾後加入材料 A 再調味，並將鮪魚倒入鍋中。

3. 太白粉以 1 大匙水化開後加入鍋中勾芡，接著加入白蘿蔔泥煮一下。盛入碗中，並擺上薑泥。

（檢見崎）

將白蘿蔔磨成泥、再煮一下，
就可以上桌了

加入青蔥，讓湯頭風味飽滿，
又酸又辣的味道令人愛不釋手

5 分鐘上桌

青蔥酸辣湯

1 人份
含醣量 **3.6g**
熱量 59kcal

時間 **5** 分鐘

材料（4 人份）

青蔥……2 根

A 水……800ml
　 醋……2 大匙
　 雞高湯粉……4 小匙
　 醬油……2 小匙
　 鹽……1/3 ～ 1/2 小匙

砂糖、胡椒……各少許
粗粒黑胡椒、辣油……各少許

作法

1. 青蔥切成 5 ～ 6cm 長的細絲。
2. 將材料 A 倒入鍋中開火加熱，煮滾後
　 倒入青蔥再煮一下。盛入碗中，並撒
　 上黑胡椒及辣油。　　　　　　（市瀨）

加入熱水或高湯就能享用

自製減醣速食湯

連 5 分鐘的開伙時間都沒有的話，以下是自製的速食湯食譜，只要加入熱水或高湯即可享用。秘訣在於加入「有鮮味」的食材，就能讓簡單的速食湯更好喝。

搭配可以生吃的食材，
用榨菜的鮮味，使湯頭更濃郁

火腿西洋芹湯

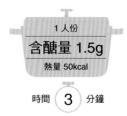

1 人份
含醣量 1.5g
熱量 50kcal

時間 3 分鐘

材料（2 人份）

火腿……2 片
西洋芹……1/4 根
西洋芹的菜葉……少許
A｜調味榨菜……20g
　｜醬油……1 小匙
　｜中華風味高湯粉……1/2 小匙
　｜胡椒……少許

作法

1. 火腿切絲，西洋芹斜切成薄片，西洋芹的菜葉大略切碎。

2. 將作法 1 及材料 A 分別取一半分量倒入容器中，再各自注入 150ml 的熱水後攪拌均勻。　　　　（岩崎）

小蕃茄的含醣量稍高，切薄片擺在湯品上營造視覺效果，
再以培根的鮮味成就美味高湯

小蕃茄水菜速食湯

1 人份
含醣量 2.3g
熱量 54kcal

時間 ③ 分鐘

材料（2 人份）

小蕃茄……4 個
水菜……30g
培根……1 片
高湯塊（高湯粉）……1/4 個
鹽、胡椒……各少許

作法

1. 小蕃茄切成圓片狀，水菜切成 3cm 長，
   培根切絲，高湯塊切碎。
2. 將作法 1 分別取一半分量倒入容器中，
   再撒上鹽、胡椒，並各自注入 150ml 的
   熱水後攪拌均勻。　　　　　　　（岩崎）

用鮪魚及味噌，讓湯頭帶有高雅風味，
是加班晚歸時的最佳宵夜

萵苣鮪魚味噌湯

材料（2 人份）

萵苣……1 片

鮪魚罐頭……30g

青蔥……5cm

味噌……1 大匙

作法

1. 萵苣撕成適口大小，鮪魚瀝除罐頭湯汁，
   青蔥切成蔥花。

2. 將作法 1 與味噌分別取一半分量倒入容
   器中，再各自注入 150ml 的熱水後攪拌
   均勻。

（岩崎）

善用低醣的魩仔魚，再注入熱水即成

魩仔魚梅子湯

1人份
含醣量 0.6g
熱量 11kcal

時間 3 分鐘

材料（2人份）

魩仔魚干……2大匙
梅干……2個
芽菜……1/4盒
醬油……少許

作法

1. 芽菜切除根部後迅速洗淨。
2. 將魩仔魚、梅干、芽菜、醬油分別取一半分量倒入容器中，再各自注入150ml的熱水。 （檢見崎）

注入已冷卻的高湯，再以梅干呈現清爽風味

小黃瓜梅干冷湯

1 人份
含醣量 2.9g
熱量 20kcal

時間 **5** 分鐘

材料（2 人份）

小黃瓜……2 根

青紫蘇……2 片

梅干……2 個

A | 高湯……300ml
  | 醬油……1/2 小匙
  | 鹽……1 小匙

作法

1. 將材料 A 充分拌勻後加以冷卻，梅干去籽。
   小黃瓜撒上少許鹽（分量另計）後放在切菜
   板上滾一滾，加以摩擦。接著用水洗淨後斜
   切成 3～4cm 長的薄片，然後再切絲。青紫
   蘇切成 5mm 的四方形。

2. 將作法 2 和梅干分別取一半分量倒入容器
   中，各自注入一半分量的材料 A，再加入一
   些冰塊即可完成。　　　　　　　　　（夏梅）

用蕃茄當主材料，
高湯有天然酸酸甜甜的食材原味

蕃茄海帶芽清湯

1 人份
含醣量 2.6g
熱量 24kcal

時間 (3) 分鐘

材料（2 人份）

蕃茄……小的 1 個
切碎海帶芽（乾燥）……1 大匙
柴魚片……1 包（5g）
醬油……少許

作法

1. 蕃茄縱切成 8 等分的半月形。
2. 將蕃茄、海帶芽、柴魚片、醬油分別取一半分量倒入容器中，再各自注入 150ml 的熱水。　（檢見崎）

加入芝麻及薑泥，讓湯頭風味更佳

生薑滑菇湯

1 人份
含醣量 3.5g
熱量 36kcal

時間 1 分鐘

材料（1 人份）

滑菇⋯⋯1/4 袋

蔥花⋯⋯1 根的分量

A 味噌⋯⋯2 小匙

　　炒熟白芝麻⋯⋯少許

　　高湯粉⋯⋯1/2 小匙

　　薑泥（軟管裝）⋯⋯1cm

作法

1. 將滑菇、萬能蔥、材料 A
   倒入容器中。

2. 再注入 150ml 的熱水拌勻
   即可。　　　　　（Danno）

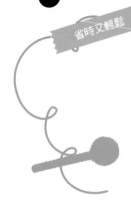
省時又輕鬆

活用快熟食材
10 分鐘煮出減醣湯

減少含醣量高的根莖菜食材的用量，改用葉菜類
或可生吃的食材，就可以在很短的時間內燉煮
好，簡單完成減醣湯。

10 分鐘
輕鬆上桌

豌豆仁牛奶湯

1 人份
含醣量 5.8g
熱量 71kcal

時間 **10** 分鐘

材料（2 人份）

豌豆仁……70g
A | 牛奶……100ml
  | 高湯塊……1/2 個
鹽、胡椒……各適量

作法

1. 將 400ml 的熱水倒入鍋
   中煮沸，再倒入撒上少許
   鹽的豌豆仁。煮約 3 分鐘
   後取出，再大略壓碎。

2. 將鍋中的汆燙熱水調整
   至 300ml，接著將豌豆仁
   倒回鍋中，並加入材料 A
   後稍微煮一下，最後分別
   以少許鹽、胡椒調味。

（武藏）

將豌豆仁稍微壓碎，
再用牛奶煮一下就完成

用低醣的水雲當作主要食材

10 分鐘
輕鬆上桌

水雲酸辣湯

1 人份
含醣量 2.9g
熱量 66kcal

時間 (10) 分鐘

材料（4 人份）

醋醃水雲……2 包
雞蛋……2 個
薑泥……1 小匙
A | 水……800ml
　 | 雞高湯粉……2 小匙
B | 鹽……2/3 小匙
　 | 醬油……2 小匙
　 | 辣油……1 小匙
蔥花……適量

作法

1. 將材料 A 倒入鍋中開火加熱，待溫熱後倒入醋醃水雲、薑泥。
2. 稍微煮滾後以材料 B 調味，並以畫圈方式倒入已打散的蛋液後熄火。盛入碗中，再撒上蔥花即可食用。

（牛尾）

10 分鐘
輕鬆上桌

高麗菜香腸
減醣湯

1 人份

含醣量 4.3g

熱量 118kcal

時間 **10** 分鐘

材料（2 人份）

高麗菜……2 片
小香腸……3 條
青椒……1 個
西洋芹……少許
高湯塊……1/2 個
鹽、胡椒……各少許

作法

1. 高麗菜大略切碎，青椒切絲，香腸斜切。
2. 將 300ml 的水及高湯塊倒入鍋中開火加熱，再倒入作法 1 燉煮。
3. 待蔬菜煮軟後將芹菜撕一撕加入鍋中，最後以鹽、胡椒調味。 （上村）

煮湯加熱的過程中，
食材馬上就入味了

萵苣培根味噌湯

1 人份

含醣量 3.2g

熱量 72kcal

時間 10 分鐘

材料（4 人份）

萵苣……3 片

培根……2 片

高湯……800ml

味噌……3 大匙

作法

1. 萵苣用手撕成適口大小，培根切成 1cm 寬。

2. 將高湯倒入鍋中溫熱，再加入培根煮約 2 分鐘，最後加入萵苣、將味噌化入鍋中，再稍微煮滾一下即可。

（牛尾）

先將萵苣撕小片，
烹煮時間就會大大縮短

10 分鐘
輕鬆上桌

蕃茄味噌湯

1 人份
含醣量 4.8g
熱量 35kcal

時間 10 分鐘

材料（4 人份）

蕃茄……2 個
高湯……600ml
味噌……2 大匙

作法

1. 蕃茄切成一口大小。
2. 將高湯倒入鍋中溫熱，再倒入作
   法 1，並將味噌化入鍋中。盛入
   碗中，如有萬能蔥可切成蔥花撒
   上去。　　　　　　　　（牛尾）

蕃茄可以生吃，
不需要花很多時間煮熟，
非常適合快煮料理。

把食材都切小一點，
以方便煮熟

10 分鐘
輕鬆上桌

高麗菜豆漿味噌湯

1 人份

含醣量 7.2g

熱量 81kcal

時間 **10** 分鐘

材料（4 人份）

高麗菜……100g

洋蔥……60g

紅蘿蔔……40g

豆漿（成分無調整）、

高湯……各 400ml

味噌……2 大匙

鹽、粗粒黑胡椒

……各少許

作法

1. 高麗菜、洋蔥切成 1.5cm 的方形，紅蘿蔔切成 1/4 的圓形。

2. 將高湯倒入鍋中開火加熱，待溫熱後倒入作法 1 再蓋上鍋蓋，並以小火煮約 5 分鐘。

3. 加入豆漿迅速溫熱一下，再將味噌化入鍋中，並以鹽調味。盛入碗中，再撒上黑胡椒。

（牛尾）

10 分鐘
輕鬆上桌

蒜苔泡菜湯

1 人份

含醣量 3.0g

熱量 34kcal

時間 **10** 分鐘

材料（4 人份）

蒜苔……100g

新鮮海帶芽……40g

雞高湯………600ml

白菜泡菜……100g

鹽……1/2 小匙

胡椒……少許

作法

1. 蒜苔切成 3cm 長，新鮮海帶芽切成適口大小。

2. 將雞高湯倒入鍋中溫熱，再倒入作法 1 和泡菜，煮約 3 分鐘。最後以鹽、胡椒調味。　　　（牛尾）

在泡菜的鮮甜風味中加入蒜味

靠低醣的起司粉，
提升湯品醇厚口感

10 分鐘
輕鬆上桌

青花菜起司
味噌湯

1 人份

含醣量 4.0g

熱量 45kcal

時間 **10** 分鐘

材料（4 人份）

青花菜……120g

洋蔥……1/2 個

高湯……600ml

味噌……2 大匙

起司粉……1 大匙

作法

1. 青花菜分成小朵，洋蔥切片。

2. 將高湯倒入鍋中溫熱，再倒入作法 1，煮約 3
   分鐘。最後將味噌化入鍋裡，盛入碗中再撒
   上起司粉。

（牛尾）

10 分鐘
輕鬆上桌

生薑蝦仁湯

1 人份

含醣量 3.0g

熱量 37kcal

時間 **10** 分鐘

材料（4 人份）

蝦仁……100g

青江菜……2 株

生薑……2 塊

A | 水……800ml
  | 雞高湯粉……2 小匙
  | 酒……2 大匙

B | 鹽……2/3 小匙
  | 醬油……1 小匙

太白粉……2 小匙

作法

1. 蝦子開背後去除腸泥，青江菜切成 2cm 長，生薑切絲。

2. 將材料 A 和生薑倒入鍋中開火加熱，待溫熱後加入蝦子、青江菜後煮約 3 分鐘。以材料 B 調味，並用相同分量的水將太白粉化開後加入鍋中勾芡。　　（牛尾）

用蝦仁當湯品食材，不僅烹調簡單，
還能為湯頭帶來天然鮮味

白蘿蔔磨成泥，
可以大幅減少煮熟需要的烹調時間

10 分鐘
輕鬆上桌

油豆腐青蔥味噌湯

1 人份

含醣量 5.0g

熱量 101kcal

時間 **10** 分鐘

材料（2 人份）

白蘿蔔泥……1 杯

油豆腐……1/2 片

青蔥……5cm

高湯……多於 300ml

紅味噌……1 大匙

作法

1. 白蘿蔔泥稍微瀝乾水分，油豆腐切成 1cm 寬的長方形，青蔥切成蔥花。

2. 將高湯倒入鍋中煮滾，再倒入油豆腐 及青蔥，接著稍微煮滾後將味噌化入 鍋中。

3. 在快要離火前加入白蘿蔔泥，並在煮 滾的前一刻熄火。 （上村）

加點辛香料，使風味更豐富

10 分鐘
輕鬆上桌

小黃瓜優格湯

1 人份
含醣量 5.9g
熱量 99kcal

時間 **10** 分鐘

材料（4 人份）

小黃瓜……1 根

A │ 大略切碎的蒜末
   │ ……1 瓣的分量
   │ 孜然……少許
   │ 沙拉油……1 大匙

原味優格……2 杯

鹽……1/4 小匙

咖哩粉……少許

作法

1. 小黃瓜縱切對半後切片，再撒上少許
   鹽（分量另計），待變軟後洗淨並擰
   乾水分。

2. 將材料 A 倒入鍋中以小火加熱，拌炒
   至蒜頭稍微變色後熄火。

3. 將作法 1 加入原味優格中拌勻後盛盤。
   最後淋上作法 2，並撒上鹽、咖哩粉。

（夏梅）

將低醣的海藻與貝類作搭配，
給小朋友食用時須減少豆瓣醬用量

10 分鐘
輕鬆上桌

水雲蛤蜊湯

1 人份

含醣量 1.5g

熱量 49kcal

時間 **10** 分鐘

材料（2 人份）

水雲……30 ～ 40g
蛤蜊（吐沙）……200g
蔥花……1 大匙
豆瓣醬……1/3 ～ 1/2 小匙
雞高湯粉……2 小匙
鹽、胡椒……各少許
麻油……1/2 大匙

作法

1. 水雲瀝乾水分，再切成適口長度。
2. 熱鍋後倒入麻油，接著將青蔥、豆瓣醬拌
   炒一下，再加入蛤蜊、500ml 的水及雞高
   湯粉後燉煮。
3. 待蛤蜊開口後撈除浮沫，加入水雲、再稍
   微煮一下，最後以鹽、胡椒調味。　（武藏）

10 分鐘
輕鬆上桌

蘿蔔辛辣湯

1 人份

含醣量 2.1g

熱量 27kcal

時間 **10** 分鐘

材料（4 人份）

白蘿蔔莖……100g
白蘿蔔皮……1/3 條的分量
紅辣椒……少許
蒜片……1 瓣的分量
高湯塊……1.5 個
鹽、胡椒……各少許
麻油……1/2 大匙

作法

1. 白蘿蔔莖斜切，白蘿蔔皮切成 3cm 長的細絲，紅辣椒去籽後切碎。
2. 麻油倒入鍋中燒熱，再倒入作法 1、蒜片後充分拌炒，待變軟後加入 600ml 的熱水與高湯塊。
3. 煮滾後撈除浮沫，再以鹽、胡椒調味。

（檢見崎）

減少含醣量稍高的牛蒡用量，
活用其特殊風味即可

10 分鐘
輕鬆上桌

牛蒡培根湯

1 人份
含醣量 3.5g
熱量 172kcal

時間 10 分鐘

材料（4 人份）

牛蒡⋯⋯1/2 條

培根⋯⋯4 片

青蔥⋯⋯1/2 根

A | 水⋯⋯800ml
  | 高湯粉⋯⋯1 小匙

鹽⋯⋯1 小匙

胡椒⋯⋯少許

奶油⋯⋯30g

起司粉⋯⋯2 大匙

作法

1. 牛蒡、青蔥切成 4cm 長的細絲，培根
   切成 5mm 寬。

2. 奶油倒入鍋中融化，再將作法 1 拌炒均
   勻。加入材料 A 後煮約 5 分鐘，並以鹽、
   胡椒調味。盛入碗中，再撒上起司粉。

（牛尾）

10 分鐘
輕鬆上桌

土當歸竹筍湯

1 人份
含醣量 2.4g
熱量 100kcal

時間 10 分鐘

材料（4 人份）

土當歸……100g
水煮竹筍……60g
荷蘭豆……100g
培根……4 片
高湯……600ml
鹽、醬油、胡椒
……各少許

作法

1. 土當歸、竹筍切成 4cm 長的細絲，
竹筍迅速汆燙一下，荷蘭豆切絲，
培根也切絲。
2. 將高湯倒入鍋中煮滾，再倒入作法
1。再次煮滾後以鹽、醬油調味，盛
入碗中，上桌前撒上胡椒。　（檢見崎）

在香氣迷人的蔬菜中
加入培根的鮮醇滋味

用可生吃的蔬菜減少烹飪時間，
起鍋前再加上人人都喜歡的起司粉

10 分鐘
輕鬆上桌

蕃茄洋蔥起司湯

1 人份
含醣量 5.1g
熱量 55kcal

時間 10 分鐘

材料（2 人份）

蕃茄⋯⋯1 個（150g）
洋蔥⋯⋯1/4 個（50g）
高湯塊⋯⋯1/2 個
鹽、胡椒⋯⋯各少許
橄欖油⋯⋯1/2 大匙
巴西利、起司粉⋯⋯各適量

作法

1. 蕃茄去籽後大略切碎，洋蔥橫切成薄片。
2. 用橄欖油拌炒洋蔥，待變軟後加入蕃茄再稍微拌炒一下，然後加入 300ml 的水及高湯塊煮滾。
3. 一邊撈除浮沫一邊煮約 5 分鐘，接著以鹽、胡椒調味。盛入碗中，並撒上巴西利末及起司粉。

（今泉）

作法簡單、輕鬆完成

2 種材料就能做的
簡單減醣湯

減少食材種類，就能減少事前備料的時間，讓烹飪過程簡單又輕鬆；就算只用 2 種主要食材，也能享用美味的減醣湯！

● 肉類、海鮮　● 蔬菜　● 其他

2 種食材
簡單做　培根 + 高麗菜

含醣量 1.8g

熱量 160kcal

培根高麗菜湯

時間 **15** 分鐘

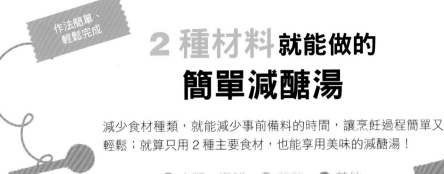

培根的鮮味與高麗菜的甜味，
真是絕配

材料（4 人份）

培根……6 片
高麗菜……200g
高湯粉……1/2 小匙
鹽……1 小匙
胡椒……少許
沙拉油……1 大匙

作法

1. 培根切成 2cm 寬，高麗菜切成 3cm 的方形。
2. 沙拉油倒入鍋中燒熱後拌炒培根，再加入高麗菜迅速拌炒一下。
3. 加入 800ml 的水及高湯粉，煮滾後以鹽、胡椒調味，蓋上鍋蓋煮 6～8 分鐘。　（大庭）

奶油的醇厚度使湯頭口味圓潤，
可以趁機補充蔬菜

2 種食材
簡單做

青花菜牛奶湯

青花菜 ＋ 洋蔥

材料（4 人份）

青花菜……1 個
洋蔥末……1/8 個的分量
牛奶……300ml
A │ 水……400ml
　│ 雞高湯粉……2 小匙
　│ 鹽……1/3 小匙
　│ 胡椒……少許
奶油……1 小匙

作法

1. 青花菜分成小朵。將奶油倒入
   鍋中開火加熱，待融化後轉成
   小火，將洋蔥拌炒一下。洋蔥
   炒軟後加入青花菜，接著再迅
   速拌炒一下。

2. 加入材料 A 後充分拌勻，並以
   大火燉煮。煮滾後蓋上鍋蓋轉
   成中火，悶煮 3 分鐘左右。接
   著暫時熄火，並用木鏟將青花
   菜壓碎。

3. 加入牛奶，並以小火溫熱。（栗山）

1 人份
含醣量 5.6g
熱量 87kcal

時間 15 分鐘

蕃茄大略壓碎，
淋上冷高湯，風味十分清爽

2 種食材
簡單做

蕃茄冷湯

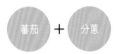
蕃茄 ＋ 分蔥

材料（4 人份）

蕃茄……4 個
分蔥……2 根
薑汁……1 小匙
冷高湯……600ml
鹽……適量
醬油……1 小匙

作法

1. 蕃茄用熱水去皮，再橫切對半並去籽。接著用手大略壓碎後倒入容器中，然後淋上薑汁。
2. 分蔥切成一半長度，並以加入少許鹽 (分量另計) 的熱水汆燙。過水後擰乾，再切成蔥花。
3. 將冷高湯、鹽和醬油一起注入容器中，再擺上作法 2。　（夏梅）

1 人份
含醣量 6.6g
熱量 35kcal

時間 15 分鐘

讓鬆軟的半平*,
浮在埃及國王菜的濃稠湯汁上

2 種食材
簡單做

埃及國王菜
減醣湯

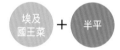
埃及
國王菜 + 半平

材料（4 人份）

埃及國王菜……1 把
半平……1/2 片
高湯……800ml
醬油、味醂……各 1 大匙
鹽……2/3 小匙

作法

1. 將埃及國王菜的菜葉摘下來，用熱水迅速汆燙後切碎。半平切成 1cm 左右的骰子狀。
2. 將高湯倒入鍋中溫熱，再倒入作法 1，並加入醬油、味醂，接著稍微煮滾後以鹽調味。

（牛尾）

1 人份

含醣量 4.5g

熱量 35kcal

時間 **10** 分鐘

2種食材
簡單做

烤蔬菜味噌湯

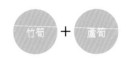
竹筍 + 蘆筍

材料（2人份）

水煮竹筍……75g
綠蘆筍……2根
高湯……300ml
味噌……1又1/3大匙

作法

1. 竹筍迅速汆燙，再切成一口大小。蘆筍也切成一口大小。將作法1以烤箱烤7～8分鐘，呈金黃色澤後盛盤。

2. 將高湯倒入鍋中煮滾，再將味噌化開後注入作法2中。

（檢見崎）

1人份
含醣量 3.7g
熱量 42kcal

時間 **15** 分鐘

將蔬菜烤得香氣四溢，
使高湯展現醇厚度

用牛奶和味噌突顯蔬菜的原味，
煮出自然鮮甜口味的高湯

 2種食材
簡單做

培根白菜牛奶湯

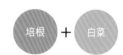 培根 + 白菜

材料（4人份）

培根……2片
白菜……2片
高湯……300ml
牛奶……100ml
味噌……1又1/2大匙

作法

1. 培根切成1cm寬，白菜切成3cm的方形。

2. 將高湯倒入鍋中以大火加熱，稍微煮滾後倒入作法1、再蓋上鍋蓋，並以小火煮約5分鐘。接著加入牛奶，溫熱至煮滾的前一刻再將味噌化入鍋中。

（小林）

1人份
含醣量 7.2g
熱量 159kcal

時間 10 分鐘

韭菜蜆仔味噌湯

2種食材簡單做

韭菜 ＋ 蜆仔

材料（4 人份）

韭菜……1/4 把

蜆仔（已吐沙）

……150g

高湯……650ml

味噌……3 大匙

作法

1. 韭菜切成 2cm 長，蜆仔充份洗淨。

2. 將高湯及蜆仔倒入鍋中開火加熱，煮滾且蜆仔開口後取出。

3. 將味噌化入作法 2 的湯汁中，再次煮滾後將蜆仔倒回鍋中，接著撒上韭菜後立即熄火。　　（浦上）

1 人份

含醣量 3.3g

熱量 36kcal

時間 **15** 分鐘

將韭菜加入低醣的蜆仔中，
工作太累的時候，是絕佳的宵夜選項

2 種食材
簡單做

炒高麗菜味噌湯

豬絞肉 + 高麗菜

材料（4 人份）

豬絞肉……100g
高麗菜……1/3 個（400g）
高湯……800ml
味噌……2 ～ 3 大匙
沙拉油……少許

作法

1. 高麗菜撕成一口大小。
2. 將絞肉、沙拉油倒入鍋中拌勻，再開大火拌炒。待炒散後加入高麗菜，然後再迅速拌炒一下。
3. 加入高湯，煮滾後撈除浮沫，再將味噌化入鍋中。

（小林）

絞肉與高麗菜事先拌炒一下，
將使醇厚度大幅增加

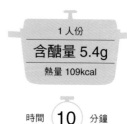
1 人份
含醣量 5.4g
熱量 109kcal

時間 10 分鐘

2 種食材
簡單做

西洋菜味噌湯

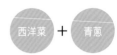

西洋菜 + 青蔥

材料（4 人份）

西洋菜……30g
青蔥……1 根
雞高湯……800ml
鹽……2/3 小匙
胡椒……少許
味噌……4 小匙
奶油……10g

作法

1. 西洋菜切成 3cm 長，青蔥切成 5mm 厚的蔥花。
2. 將雞高湯倒入鍋中溫熱，再倒入作法 1 後煮約 3 分鐘，接著以鹽、胡椒、味噌調味，起鍋前加入奶油融化後享用。　（白尾）

1 人份
含醣量 2.5g
熱量 54kcal

時間 15 分鐘

以帶微微苦味的西洋菜為主角，起鍋前再加上低醣的奶油

起鍋前加上融化的起司，
是人人都愛的口味

2 種食材
簡單做

起司高麗菜湯

高麗菜 + 起司

材料（4 人份）

高麗菜……2 片
比薩用起司……40g
高湯塊……1 個
鹽……1/6 小匙
胡椒……少許

作法

1. 高麗菜切成長方形。將 800ml
   的水、高湯塊倒入鍋中開火加
   熱，待煮滾後倒入高麗菜並蓋
   上鍋蓋，以小火煮 7～8 分鐘。

2. 以鹽、胡椒調味，再加入起司
   融化後享用。　　　　（岩崎）

1 人份
含醣量 1.6g
熱量 43kcal

時間 15 分鐘

將低醣海藻迅速煮一下。
並以蘘荷的香氣作為一大亮點

2 種食材
簡單做

蘘荷水雲味噌湯

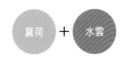

蘘荷 + 水雲

材料（4 人份）

蘘荷……3 個
新鮮水雲……100g
高湯……800ml
味噌……3 大匙

作法

1. 蘘荷縱切對半後，斜切成薄片。
2. 將高湯倒入鍋中溫熱，再倒入作法 1 和水雲，然後加入味噌化開後拌勻在湯裡。

（牛尾）

1 人份

含醣量 2.9g

熱量 32kcal

時間 10 分鐘

加入低醣的火腿，
提升鮮醇好滋味

 2 種食材
簡單做

水菜生薑湯

 水菜 ＋ 火腿

材料（4 人份）

水菜……1/2 把

火腿……2 片

雞高湯……800ml

A 薑汁、鹽
……各 1 小匙
胡椒……少許

炒熟白芝麻……適量

作法

1. 水菜切成 3cm 長，火腿切成一半後再切絲。

2. 將雞高湯倒入鍋中溫熱，再倒入作法 1 煮約 5 分鐘，接著以材料 A 調味。盛入碗中，再撒上芝麻。

（牛尾）

1 人份

含醣量 0.7g

熱量 41kcal

時間 **10** 分鐘

2 種食材
簡單做

蔬菜味噌湯

紅蘿蔔 ＋ 青花菜

材料（4 人份）

紅蘿蔔……1/3 條
青花菜……100g
高湯……700ml
味噌……2 大匙
白芝麻粉……1 大匙

作法

1. 紅蘿蔔切成長方形，青花菜分成小朵。
2. 將高湯、紅蘿蔔倒入鍋中開火加熱，紅蘿蔔煮軟。接著加入青花菜，再將味噌化入鍋中，最後加入芝麻再稍微煮滾一下。　（岩崎）

1 人份
含醣量 3.3g
熱量 45kcal

時間　15　分鐘

原本略顯清淡的湯品，加進減醣食材芝麻，就能增加另一種風味

加入小魚乾，
為湯品增添鮮香味

2 種食材
簡單做

菠菜小魚干
味噌湯

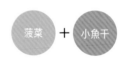
菠菜 + 小魚干

材料（4 人份）

菠菜……150g
小魚干……1 大匙
高湯……400ml
味噌……1 又 1/2 大匙

作法

1. 菠菜倒入塑膠袋中，以微波爐（600W）加熱 2 分鐘後過水，再切成 4cm 長，並將水分擰乾。

2. 將高湯倒入鍋中煮滾，接著倒入作法 1，再將味噌化入鍋中並熄火。盛入碗中，再擺上小魚干。　　（夏梅）

1 人份
含醣量 3.1g
熱量 49kcal

時間 15 分鐘

低醣豆漿湯

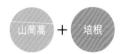
山茼蒿 + 培根

材料（4 人份）
山茼蒿……100g
培根……1 片
高湯塊……1/2 個
豆漿……200ml
鹽、胡椒……各少許
麻油……1 小匙

作法
1. 山茼蒿切碎成 5mm 長，培根切絲。
2. 鍋子燒熱後倒入麻油塗勻，接著以大火拌炒培根。然後加入 200ml 的熱水，再將高湯塊一邊弄碎一邊加入鍋中。煮滾後加入豆漿、山茼蒿，再煮滾一次，接著以鹽、胡椒調味。 （檢見崎）

1 人份
含醣量 4.1g
熱量 122kcal

時間 15 分鐘

山茼蒿和培根，是兩種意想不到、超對味的食材組合

加入大量低醣的菇類食材，
再用紅味噌呈現濃郁醇厚度

 2 種食材
簡單做

金針菇茄子味噌湯

茄子 + 金針菇

材料（2 人份）

茄子……小的 1 個
金針菇
……小袋的 1/2 袋
高湯……300ml
紅味噌……1 大匙
蔥花……少許

作法

1. 茄子切成 8 等分，再切成一半長
   度。金針菇切成一半長度。
2. 將高湯倒入鍋中煮滾，再倒入茄
   子、金針菇燉煮。待煮熟後將味
   噌化入鍋中，並撒上萬能蔥，最
   後在煮滾的前一刻熄火。　（上村）

1 人份
含醣量 3.8g
熱量 33kcal

時間 10 分鐘

2 種食材
簡單做

西洋芹培根湯

西洋芹 ＋ 培根

材料（4 人份）

西洋芹……1 根
培根……2 片
雞高湯……800ml
鹽……1 小匙
胡椒……少許

作法

1. 西洋芹切片，菜葉部分大致切碎。培根切成 1cm 寬。
2. 將雞高湯倒入鍋中開火加熱，煮滾後倒入作法 1，煮約 3 分鐘。最後以鹽、胡椒調味。（牛尾）

1 人份
含醣量 0.6g
熱量 58kcal

時間 10 分鐘

不喜歡芹菜味道的人，
試試看用高湯和培根熬煮的這道湯品吧！

蕃茄紅味噌冷湯

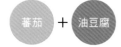 蕃茄 + 油豆腐

材料（2人份）

蕃茄……小的 1 個
油豆腐……1/4 片
高湯……350ml
紅味噌……1 ～ 1 又 1/2 大匙

作法

1. 蕃茄切成 8 ～ 10 等分的半月形後再對半橫切。油豆腐以平底鍋煎至兩面呈現黃棕色為止，再切成 5mm 的骰子狀。

2. 將高湯與油豆腐倒入鍋中開火加熱，溫熱後將味噌化入鍋中。最後加入蕃茄後熄火，並加以冷卻。　　（高城）

1 人份
含醣量 4.6g
熱量 50kcal

時間 10 分鐘

※ 不包含冷卻的時間

使用蕃茄及油豆腐呈現飽滿鮮甜味，
接著再冷藏成美味的冷湯

Part **3**

不只低醣，更是省錢料理

5 種便宜的
常見低醣食材

用常見的超市食材：平價肉、蛋、油豆腐、豆芽菜
和菇類，做出減重不減荷包的料理提案。這五種食
材不只便宜，同時也都是「低醣 & 好買」的食材，
打破你對於「減醣料理很花錢」的印象。

超省錢的低醣食材 TOP5

省錢
又減醣

在進行減醣飲食的時候，以含醣量低的肉塊或海鮮，作為料理的主要食材，常導致餐費大增。這時候，應該特別注意超市的肉品特價時間，以及價格穩定的雞蛋、豆芽菜、豆腐、蕈菇等食材，巧妙的搭配之下，不僅聰明省錢，又能美味減醣！

平價肉品

含醣量

		（每100g含量）
雞肉	雞胸肉	0.1g
	雞里肌	0g
豬肉	豬五花	0.1g
	豬腿肉	0.2g
	豬里肌	0.2g
絞肉	豬絞肉	0.1g
	雞絞肉	0g

肉類幾乎都是低醣食材，但是價格落差卻不小，因此大家應善用平價的肉品，例如雞胸肉，就是非常便宜的低醣食材。豬肉則可使用肉絲，便宜又美味。絞肉的應用範圍廣，可讓湯品的變化更加多樣。

雞蛋

雞蛋也是低醣食材，而且價格平穩，不會有很大的變動，可作為常備食材。雞蛋的營養價值高，只要搭配蔬菜、添加維生素攝取，即可在一餐內獲得均衡的營養。煮成湯品時，大多會打成蛋液增加鬆軟口感，不過也能煮成蛋包，享受不同的烹調方式。

含醣量

	（每100g含量）
雞蛋	0.2g

豆芽菜

豆芽菜1袋約300克,售價約在35〜40元左右,是最省錢的食材之一。最常見的就是由綠豆種植而成的「綠豆芽」,以及頭部帶顆豆子、由黃豆栽培而成的「黃豆芽」。含醣量依種類而異,不過黃豆芽的含醣量近乎為0g,可以利用來增加湯品的分量感。

 含醣量

	（每100g含量）
黃豆芽	0g
綠豆芽	0.7g

豆腐
油豆腐

豆腐類食材內含大量優質蛋白質,也含有豐富的鈣、鉀等礦物質。比起主要原料的大豆更容易消化吸收,且含醣量低,價格又便宜。不過,也要特別注意油豆腐的含醣量,比豆腐的含醣量更低,經燉煮後,可增加湯品的醇厚度,且還能增加分量,是減醣湯食譜的優質好食材。

 含醣量

	（每100g含量）
板豆腐	1.2g
嫩豆腐	1.7g
油豆腐	0.2g

菇類

菇類含有豐富的食物纖維,也內含大量吸收鈣質時不可或缺的維生素D。所有的菇類的含醣量皆偏低,其中洋菇的含醣量近乎為零,加入湯品中,可以熬煮出美味的高湯,使用起來非常方便。也建議大家冷凍保存起來,或是作為常備食材。

 含醣量

	（每100g含量）
洋菇	0.1g
鴻喜菇	1.3g
新鮮香菇	1.5g
杏鮑菇	2.6g
金針菇	3.7g

平價的減醣肉湯料理

雞胸肉或豬肉絲都是平價又方便調理的肉類，不妨用在
每日湯品的食材上；只要變化形狀或切法，就可料理出
多樣的湯品。

省錢的
肉料理

豬肉丸子
白蘿蔔湯

材料（4 人份）

豬肉片……400g
白蘿蔔……300g
韭菜……1 把
高湯……1L
A｜鹽……1/4 小匙
　｜胡椒……少許
　｜太白粉……1 小匙
鹽……3/4 小匙
醬油……1 又 1/2 小匙
白芝麻粉……1 大匙

1 人份
含醣量 4.8g
熱量 304kcal

時間 25 分鐘

1
製作豬肉片丸子

將材料 A 搓揉進豬肉裡，再分
成 16 等分（用大肉片將小肉片
包起來）揉圓。白蘿蔔切絲，韭
菜切成 4cm 長。

2
燉煮

將高湯、白蘿蔔倒入鍋中再蓋上
鍋蓋開火加熱，煮滾後轉成小火
煮 5 分鐘，再將火轉大，倒入
作法 1 的肉片丸子。

2
調味

加入鹽及胡椒，再蓋上鍋蓋並轉
成小火，接著繼續燉煮約 10 分
鐘，最後加入韭菜及芝麻後，稍
微煮滾一下即可。　　　　（岩崎）

鎖住肉汁，
讓豬肉片丸子軟嫩多汁；
再善用低醣的芝麻，
增添湯品的風味。

雞胸肉絲湯

1 人份
含醣量 3.3g
熱量 142kcal

時間 **15** 分鐘

材料（4 人份）

雞胸肉……大的 1 片
香菇……3 朵
紅蘿蔔……1/3 條
白菜……2 片
青蔥……4cm
鹽……少許
A | 高湯……800ml
  | 鹽……3/4 小匙
  | 醬油……1 小匙
沙拉油……2 小匙

作法

1. 雞肉切成大塊一點的薄片，
   接著再切成絲，然後與鹽拌
   勻。香菇、紅蘿蔔、白菜、
   青蔥也切絲。

2. 沙拉油倒入鍋中燒熱，將青
   蔥、雞肉、紅蘿蔔、白菜拌
   炒一下，炒軟後加入香菇拌
   炒均勻，再加入材料 A。

3. 煮滾後蓋上鍋蓋轉成小火煮
   7～8 分鐘。盛入碗中，並
   依個人喜好撒上山椒粉。

（岩崎）

POINT

雞胸肉須片
開，切斷肉的
纖維，接著再
切絲，以便加
速煮熟，呈現
柔軟口感。

不易煮熟的雞胸肉要先切絲，
再搭配蔬菜，就是一道營養均衡的湯品

省錢的
肉料理

雞翅檸檬湯

好吃的雞翅肉，也同屬低醣食材，
加上檸檬的柔和酸味，爽口又解膩

材料（4 人份）

雞翅……12 根
白蘿蔔……300g
檸檬……1/2 個
水菜……20g

A｜水……1L
　｜中華風味高湯粉……1 小匙
　｜鹽……1/2 小匙
　｜胡椒……少許

作法

1. 白蘿蔔切成薄薄的半圓
　 形，檸檬切片，水菜切成
　 3cm 長。

2. 將雞翅、白蘿蔔及材料 A
　 倒入鍋中，再蓋上鍋蓋開
　 火加熱，煮滾後轉成小火
　 再煮 15 分鐘。

3. 加入檸檬、水菜後，再稍
　 微煮滾一下即可。 （岩崎）

1 人份
含醣量 3.2g
熱量 157kcal

時間 25 分鐘

省錢的
肉料理

1 人份

含醣量 3.0g

熱量 120kcal

時間 15 分鐘

低醣卷纖湯

材料（4 人份）

豬肉薄片……50g

板豆腐……1/2 塊

小松菜……100g

高湯……600ml

味噌……2.5 大匙

酒……1 大匙

麻油……多於 1 大匙

作法

1. 豬肉切成 2cm 寬。豆腐放在篩網上瀝乾水份，再用手稍微壓碎。小松菜切除根部後再切成 4～5cm 長。

2. 麻油倒入鍋中燒熱，再以大火拌炒豬肉。待變色後加入豆腐拌炒均勻，並注入高湯。

3. 煮滾後加入味噌、酒，再倒入小松菜，接著稍微煮一下後熄火。　（杵島）

省錢的
肉料理

梅干雞肉湯

1 人份
含醣量 4.6g
熱量 56kcal

時間 **15** 分鐘

材料（4 人份）

雞里肌……3 條
梅干……2 個
青蔥……10cm
高湯……800ml
酒……2 大匙
醬油……少許
鹽……2/3 小匙
太白粉……適量

作法

1. 雞里肌去筋後片成薄片。青蔥直切後片開，再斜切成 6mm 寬。

2. 將高湯、酒、梅干倒入鍋中，開火加熱，等待煮滾時，先將雞肉撒上薄薄一層太白粉，湯煮滾後，再將雞肉一片片放入鍋中，煮約 3 分鐘。

3. 暫時熄火，將梅干取出，去籽後切成對半。再次開火加熱，並加入醬油、鹽，接著加入青蔥後將梅干倒回鍋中，然後稍微煮一下即可。　　（大庭）

加入梅干的湯頭，
風味清爽順口

省錢的
肉料理

韭菜絞肉牛奶湯

1 人份
含醣量 2.9g
熱量 120kcal

時間 10 分鐘

材料（4 人份）

綜合絞肉……100g
韭菜……100g
牛奶……200ml
鹽、胡椒……各少許
麻油……2 小匙

韭菜切碎後的風味更佳，
牛奶風味讓挑食的人也能愉快地享用

作法

1. 韭菜切碎。

2. 麻油倒入鍋中燒熱，再倒
   入絞肉拌炒一下。待絞肉
   炒到顆粒狀後，加入作法
   1 再輕輕拌炒，接著加入
   400ml 的熱水。

3. 煮滾後撈除浮沫，再加入
   牛奶，繼續加熱到滾後，
   以鹽、胡椒調味即可。

（檢見崎）

省錢的
肉料理

榨菜豬肉湯

1 人份
含醣量 1.7g
熱量 112kcal

時間 **15** 分鐘

將榨菜風味加入湯頭，搭配麻油香氣，
是辛苦工作結束後的最佳獎勵

材料（4 人份）

豬肉薄片……80g
榨菜……60g
青蔥……1/2 根
雞高湯粉……1 小匙
酒……1 大匙
鹽、胡椒……各適量
沙拉油……1 大匙
麻油……適量

作法

1. 豬肉切成一口大小，再分別撒上少許鹽、胡椒。榨菜切片，再泡在水中清洗乾淨，以去除辣味及鹹味。青蔥斜切成片。

2. 沙拉油倒入鍋中燒熱將豬肉拌炒一下，接著將榨菜也加入鍋中拌炒均勻。然後加入 800ml 的熱水及雞高湯粉。
   ※ 若有薑皮及蔥綠部分，也能加入鍋中煮滾，待飄散出香味後取出。

3. 加入青蔥、再用酒以及少許鹽、少許胡椒調味，起鍋前再滴幾滴麻油。　　（藤田）

雞皮是出乎意料的低醣食材，
也很平價，十分推薦用在減醣飲食中

省錢的
肉料理

香烤脆雞皮湯

1 人份

含醣量 0.3g

熱量 65kcal

時間 **10** 分鐘

材料（4 人份）

雞皮……1 片

A | 雞高湯粉……1/4 小匙
  | 酒……1 大匙
  | 鹽……1 小匙
  | 胡椒……少許

鴨兒芹……6 根

作法

1. 雞皮用烤魚網烤至酥脆為止，然後切碎。

2. 將 800ml 的水倒入鍋中煮沸，再加入材料 A 後拌勻，接著加入作法 1 及切成 2cm 長的鴨兒芹後熄火，即可享用。

（岩崎）

省錢的
肉料理

雞肉埃及國王菜湯

1 人份
含醣量 1.2g
熱量 88kcal

時間 **10** 分鐘

材料（4 人份）

雞里肌……2 條
埃及國王菜的菜葉……1/2 把（40g）
蒜泥……1/2 瓣的分量
酒……1/2 大匙
高湯塊（雞肉）……1/2 個
鹽、胡椒……各少許
橄欖油……1/2 大匙

作法

1. 雞里肌去筋後片開，再以酒醃漬。埃及國王菜的菜葉切碎，再用菜刀剁一剁。

2. 橄欖油倒鍋中燒熱，將蒜泥拌炒一下，待爆香後加入雞肉拌炒。雞肉變色後加入 300ml 的水及高湯塊，煮滾後撈除浮沫，再煮約 1 分鐘。接著加入埃及國王菜，並以鹽、胡椒調味。 （今泉）

善用埃及國王菜的黏稠感，
使雞肉口感變滑順

發揮生薑及芝麻的功效，
讓身體暖和起來

省錢的
肉料理

豬五花牛蒡湯

1 人份

含醣量 6.1g

熱量 173kcal

時間 15 分鐘

材料（4 人份）

豬五花肉片……100g

牛蒡……大的 2/3 條（120g）

生薑……2 塊

高湯……800ml

味噌……3 大匙

白芝麻粉……2 大匙

七味唐辛子……少許

作法

1. 牛蒡削去外皮後削成細片，接著泡水約
   5 分鐘，撈出並瀝乾水分。豬肉切成 3～
   4cm 寬。生薑切絲。

2. 將高湯倒入鍋中加熱，煮滾後倒入豬肉、
   牛蒡。再次煮滾後撈除浮沫，再煮約 2
   分鐘，待牛蒡變軟後將味噌化入鍋中，
   加入生薑和芝麻，再煮一下就可熄火。
   盛入碗中，並撒上七味唐辛子。（檢見崎）

省錢的
肉料理

小黃瓜豬肉泡菜湯

1 人份
含醣量 3.9g
熱量 96kcal

時間 10 分鐘

材料（4 人份）

豬腿肉薄片……50g

小黃瓜……1/2 條

白菜泡菜（連同湯汁）
……約 100g

A | 湯……300ml
　 | 高湯塊……1/2 個
　 | 酒……1 大匙

鹽、胡椒……各少許

作法

1. 豬肉切成 2cm 寬。小黃瓜的皮削成條紋
圖案，再縱切對半後斜切成薄片。泡菜
切成適口大小。

2. 將材料 A 倒入鍋中加熱，煮滾後加入豬
肉，並煮至熟透為止，接著撈除浮沫。
然後加入泡菜、小黃瓜稍微煮滾，並以
鹽、胡椒調味。 　　　　　　（檢見崎）

小黃瓜只要稍微煮一下，
就會產生讓人驚喜的口感

小肉丸水菜湯

1 人份

含醣量 1.3g

熱量 76kcal

時間 **10** 分鐘

材料（4 人份）

豬絞肉……100g

水菜……50g

A | 酒、太白粉……各 1 小匙
　| 醬油……1/2 小匙
　| 胡椒……少許

B | 水……800ml
　| 麻油、雞高湯粉
　| ……各 1 小匙
　| 鹽……2/3 小匙

作法

1. 將絞肉與材料 A 倒入調理碗中搓揉拌勻。

2. 將材料 B 倒入鍋中煮滾，再將作法 1 揉成比 1cm 稍大的小肉丸後放進鍋中，煮約 2 分鐘直到熟透為止。

3. 撈除浮沫，再加入切成 3cm 長的水菜後稍微煮一下，然後熄火。（重信）

將絞肉做成肉丸，口感更好

食材雖少卻口感十足，再加上清爽的調味，
就是一碗美味的減醣湯

省錢的
肉料理

1 人份
含醣量 3.9g
熱量 91kcal

時間 **10** 分鐘

雞肉白蘿蔔清湯

材料（4 人份）

雞胸肉……小的 1 片（200g）
白蘿蔔……6cm（200g）
高湯……800ml
A｜味醂……1 大匙
　｜淡色醬油……1 小匙
　｜鹽……2/3 小匙
鴨兒芹……適量

作法

1. 白蘿蔔切成 5mm 厚呈 1/4 的圓形。鴨兒芹摘下菜葉，莖部切成 2cm 長。雞肉切成較小的一口大小。

2. 將高湯倒入鍋中開火加熱，煮滾後倒入雞肉、白蘿蔔。再次煮滾後撈除浮沫，加入材料 A 調味，並以稍弱的中火煮約 3 分鐘，直到白蘿蔔變軟為止。盛入碗中，最後擺上鴨兒芹。

罐頭乾貨減醣湯

想在湯裡頭多加一種食材時，最好運用的就是罐頭及乾貨。
尤其是海藻類，含醣量低，經燉煮後會釋放出鮮甜的原味，料理起來非常方便；
罐頭還能做為主角級食材，因此建議大家隨時備用，善加運用於湯品當中。

在最常見的豆腐蔥花味噌湯中，
加入羊栖菜，風味立刻大大改變

1 人份
含醣量 3.4g
熱量 60kcal

時間 (10) 分鐘

用乾燥的
羊栖菜

羊栖菜豆腐味噌湯

材料（2 人份）

羊栖菜（乾燥）
……1 大匙
豆腐……1/4 塊
青蔥……1cm
高湯……300ml
味噌……1.5 ～ 2 大匙

作法

1. 羊栖菜泡發後將水分瀝乾，太長的話再切成 2 ～ 3cm 長。豆腐切成 1cm

2. 左右的骰子狀。青蔥切成蔥花。將高湯倒入鍋中開火加熱，溫熱後將味噌化入鍋中。接著倒入豆腐稍微煮滾一下，再將羊栖菜也加入鍋中稍微煮一下。盛入碗中，再擺上蔥花。

（脇）

搭配乾貨，
添加口感的趣味性

使用了蘿蔔乾 &
乾燥海帶芽！

蘿蔔乾海帶芽味噌湯

1 人份
含醣量 4.5g
熱量 41kcal

時間 (10) 分鐘

材料（4 人份）

蘿蔔乾……10g
海帶芽（已泡發）
……40g
青蔥……1/4 根
高湯……800ml
味噌……3 大匙

作法

1. 蘿蔔乾泡發後切成適口大小，海帶芽切成一口大小，青蔥切成 1cm 厚的蔥花。

2. 將高湯、蘿蔔乾倒入鍋中開大火加熱，煮滾後加入海帶芽與青蔥。接著將味噌化入鍋中，再稍微煮滾一下。

（岩崎）

海苔融入湯後，飄散出了海潮的香氣

海苔韭菜湯

使用烤海苔

材料（2 人份）

烤海苔（整張）
……1/2 片
韭菜……1/4 把
雞高湯粉……1/2 小匙
鹽……少許
酒……1 小匙
麻油……少許

作法

1. 韭菜切成 3cm 長。海苔
   用手揉碎，再平均放入
   碗中。

2. 將 400ml 的水與高湯粉
   倒入鍋中煮滾，再倒入
   韭菜。待煮軟後加入鹽、
   酒調味。將湯注入容器
   中，並撒上麻油。（武藏）

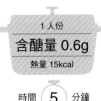

1 人份
含醣量 0.6g
熱量 15kcal

時間 5 分鐘

主角是
鮪魚罐頭

鮪魚罐頭可增添湯頭的鮮甜滋味，
最適合用在減醣飲食中

鮪魚蔬菜味噌湯

材料（4 人份）

鮪魚罐頭…
…小罐的 1 罐
紅蘿蔔……1/2 條
洋蔥……1 個
芽菜……1 盒
味噌……2 大匙

作法

1. 紅蘿蔔切成 4 ～ 5cm 的細絲，
   洋蔥切成 8 等分的半月形。

2. 將 800ml 的水、作法 1 倒入鍋
   中煮滾，再以小火煮 10 分鐘。
   接著加入瀝乾罐頭湯汁的鮪
   魚，並將味噌化入鍋中，然後
   稍微煮滾一下。最後加入切除
   根部的芽菜。　　　（岩崎）

1 人份
含醣量 6.7g
熱量 99kcal

時間 15 分鐘

運用海藻及金針菇熬成濃郁湯頭，
隨手可得的平價美味

海帶芽金針菇湯

加入乾燥
海帶芽

材料（2人份）

海帶芽（乾燥）
……2g
金針菇……1袋
高湯塊（雞肉）
……1個
鹽、胡椒……各少許

作法

1. 海帶芽用水泡發，並將水分瀝乾。金針菇切除根部，再切成一半長度後撕開。
2. 將300ml的水、切碎的高湯塊倒入鍋中開火加熱，煮滾且等高湯塊化開後再倒入作法1，最後以鹽、胡椒調味。（梜見崎）

1人份
含醣量 2.4g
熱量 15kcal

時間 5 分鐘

用扇貝高湯突顯高麗菜的甜味

扇貝高麗菜湯

活用扇貝
罐頭

材料（4人份）

水煮扇貝罐頭
……1/2 罐
高麗菜……1/4 個
高湯塊……1/2 個
A 酒……1/2 大匙
鹽……1 小匙
胡椒……少許

作法

1. 高麗菜大略切碎。
2. 將 800ml 的水、高湯塊倒入鍋中煮滾，再倒入高麗菜、連同罐頭湯汁的扇貝後煮一下。待高麗菜變軟後，再以材料 A 調味。

（大庭）

1人份
含醣量 2.6g
熱量 28kcal

時間 10 分鐘

入口即化、綿密鬆軟

減醣蛋花湯

冷藏庫裡常見的雞蛋,也是便宜且含醣量低的代表性食材之一。不管是入口即化的半熟蛋,或是綿密鬆軟的蛋花湯,口感都十分討人喜愛,在在贏得大人小孩歡心。大家不妨多加變化好好品嚐一番!

超省錢的
蛋料理

鮪魚咖哩蛋花湯

1 人份
含醣量 **1.2g**
熱量 132kcal

時間 **10** 分鐘

鮪魚和雞蛋十分對味,
嘗試搭配在湯品中,如預想中的好喝

材料(4 人份)

鮪魚罐頭……1 罐(80g)
青江菜……2 株(220g)
雞蛋……2 個
咖哩粉……2 小匙
高湯塊……1 個
鹽……1/3 小匙
胡椒……少許
橄欖油……1 大匙

作法

1. 青江菜的菜葉切成 5cm 長,菜梗連同根部直接縱切成 8 等分。鮪魚將罐頭湯汁瀝乾。雞蛋打散。
2. 將橄欖油倒入鍋中燒熱,加入青江菜的菜梗拌炒一下。待炒軟後加入咖哩粉,接著加入 800ml 的水與碎切的高湯塊。
3. 煮滾後加入青江菜的菜葉和鮪魚,稍微煮滾一下,然後以鹽、胡椒調味。最後將蛋液沿著調理筷倒入鍋中,待蛋花浮起後,攪拌一下再熄火。 (市瀨)

超省錢的
蛋料理

蛋包巧達湯

1 人份
含醣量 7.1g
熱量 311kcal

時間 20 分鐘

材料（2 人份）
雞蛋……4 個
白花菜……200g
洋蔥……1/2 個
培根……2 片
洋菇……5 朵
高湯塊（高湯粉）……1/2 個
A│鮮奶油……100ml
　│鹽……1/2 小匙
　│胡椒……少許
　│奶油……1 大匙
B│麵粉……2 大匙
　│奶油……1 大匙

作法

1. 白花菜分成小朵，洋蔥切丁，培根切成長方形，洋菇切成 4 等分。

2. 先熱鍋，接著將奶油放入鍋中融化，再倒入作法 1 拌炒一下。待炒勻後加入 800ml 的水與高湯塊，蓋上鍋蓋，煮滾後以小火煮約 10 分鐘，加入材料 A。

3. 將材料 B 倒入耐熱容器中，接著包上保鮮膜以微波爐（600w）加熱 1 分鐘，攪拌均勻後，將作法 2 的湯汁化開、倒入鍋中拌勻，增加濃稠度。最後打入雞蛋煮 3～4 分鐘即可。

（岩崎）

活用低醣的奶油和鮮奶油，
最後打入雞蛋，趁半熟時享用最好吃

超省錢的蛋料理

荷包蛋洋蔥湯

1 人份

含醣量 3.6g

熱量 129kcal

時間 **15** 分鐘

荷包蛋煎到半熟，再加入鍋中；
湯頭中加入洋蔥，充滿天然的蔬菜甜味

材料（4 人份）

雞蛋……4 個

高麗菜……3 片

洋蔥……1/2 個

A 水……900ml
中華風味高湯粉……1 小匙
紅辣椒片……1/2 條的分量

魚露……2 小匙

沙拉油……1 大匙

作法

1. 將 1 小匙沙拉油倒入平底鍋，
   待油熱後，將雞蛋打入鍋中
   煎成荷包蛋，並在半熟時對
   折。

   ※ 荷包蛋可以一個一個分別煎。

2. 高麗菜切成粗絲，洋蔥切片。
   將 2 小匙沙拉油倒入鍋中燒
   熱，再加入高麗菜和洋蔥拌
   炒一下。

3. 加入材料 A 後煮滾，接著倒
   入作法 1、再煮滾一下，最後
   以魚露調味。　　　（岩崎）

▶ POINT

雞蛋先煎過、再
加入湯中，藉此
增加香氣，也能
提升醇厚度，減
少調味料用量，
煮出美味湯品。

超省錢的
蛋料理

青花菜蛋花湯

時間 **15** 分鐘

材料（2 人份）

青花菜……小的 1 個
雞蛋……2 個
雞高湯……600ml
A｜咖哩粉……1 小匙
　｜醬油……1 小匙
　｜鹽……1/2 小匙
　｜胡椒……少許
太白粉……1 小匙

加入咖哩粉，就是人人都愛的口味

作法

1. 青花菜分成小朵，莖的部分
　剝除厚皮，再切成長方形。

2. 將雞高湯倒入鍋中，加熱至
　溫熱時，將作法 1 加入，煮
　約 3 分鐘，再加入材料 A 調
　味。將太白粉以二倍分量的
　水化開，再以畫圈方式倒入
　鍋中勾芡，最後將打散的蛋
　液以畫圈方式倒入鍋中，即
　可完成。　　　　　（牛尾）

減醣食材大集合！
這道湯的重點是鬆軟的滑蛋

超省錢的
蛋料理

菠菜滑蛋味噌湯

1 人份
含醣量 3.4g
熱量 59kcal

時間 10 分鐘

材料（4 人份）

菠菜……150g
金針菇……1/2 袋
雞蛋……1 個
高湯……800ml
味噌……3 大匙

作法

1. 菠菜切成 3 ～ 4cm 長，金針菇切成一半。

2. 將高湯倒入鍋中煮滾，再倒入作法 1 迅速煮一下。接著將味噌化入鍋中，並將雞蛋打散後以畫圈方式倒入鍋中，最後稍微煮滾即可。

（岩崎）

享用時將蛋劃開，
拌著蛋黃大口品嚐

超省錢的
蛋料理

雞蛋小蕃茄湯

1 人份
含醣量 3.9g
熱量 110kcal

時間 10 分鐘

材料（2 人份）

雞蛋……2 個

小蕃茄……6 個

蒜頭……1/2 瓣

高湯塊……1/2 個

巴西利……1 枝

鹽、胡椒……各少許

橄欖油……1/2 小匙

作法

1. 將壓碎的蒜頭、橄欖油倒入鍋中開火加熱，
   待爆香後加入小蕃茄，輕輕拌炒一下。

2. 將 300ml 的水與高湯塊加入鍋中，煮滾後
   打入雞蛋，煮至半熟狀態為止。接著將巴
   西利撕碎後加入鍋中，再以鹽、胡椒調味。

（上村）

不習慣吃太酸的人，
可以將醋減量

1 人份
含醣量 4.5g
熱量 130kcal

時間 15 分鐘

超省錢的
蛋料理

低醣酸辣湯

材料（4 人份）

火腿……2 片

水煮竹筍……50g

香菇……2 個

青蔥……4cm

雞蛋……1 個

A　雞高湯粉……2 小匙

　　酒、胡椒……各 1/2 大匙

　　鹽……1/2 小匙

太白粉……1 小匙

醋……1 大匙

胡椒、辣油……各適量

作法

1. 火腿切絲，竹筍切成方便食用的薄片，香菇也切片，青蔥切成極細的細絲，雞蛋打散。

2. 將 500ml 的熱水與材料 A 倒入鍋中煮滾，再倒入竹筍、香菇煮約 3 分鐘，接著加入火腿。然後以二倍分量的水將太白粉化開，接著一邊攪拌一邊以畫圈方式倒入太白粉水勾芡，再次煮滾時倒入蛋液。

3. 當蛋花浮起後，加入醋及青蔥，並撒上大量胡椒，就可盛入碗中，並依個喜好淋上適量辣油。

（杵島）

將起司混入蛋液中，
增加濃稠的口感

超省錢的
蛋料理

萵苣蛋花湯

1 人份

含醣量 3.2g

熱量 79kcal

時間 10 分鐘

材料（4 人份）

萵苣……400g

洋蔥……1/2 個

蛋液……1 個的分量

起司粉……2 大匙

A | 熱水……600ml
  | 雞高湯塊……1 個

鹽、胡椒……各少許

沙拉油……1 大匙

作法

1. 萵苣撕成一口大小，洋蔥切片。

2. 將沙拉油倒入鍋中燒熱，加入作法 1 拌
   炒一下。待炒軟後加入材料 A（高湯塊
   化開），煮滾後以鹽、胡椒調味，接著
   將起司倒入蛋液中拌勻，再加入鍋中，
   並將所有食材煮熟。

   （檢見崎）

超省錢的
蛋料理

蕃茄雞蛋西式蒜湯

1 人份

含醣量 3.2g

熱量 152kcal

時間 **10** 分鐘

材料（2 人份）

蕃茄……大的 1/2 個

蒜頭……1.5 瓣

雞蛋……2 個

A | 水……300ml
  | 高湯塊……1/2 個

鹽、胡椒……各適量

橄欖油……1 大匙

作法

1. 蕃茄大略切碎，蒜頭切末。

2. 橄欖油與蒜頭倒入鍋中，以稍弱的中火拌炒。待微微上色後加入蕃茄和材料 A，煮約 5 分鐘。接著以鹽、胡椒調味，再將蛋打入鍋中稍微煮滾一下，就可盛入碗中。 （上田）

※ 可以撒上一些巴西利，增加風味。

加入滿滿的大蒜，
提振精神、恢復活力

將起司混入蛋液中，
增加濃稠的口感強

超省錢的
蛋料理

起司蛋花湯

1 人份
含醣量 0.5g
熱量 47kcal

時間 10 分鐘

材料（2 人份）

雞蛋……1 個
起司粉……1 小匙
高湯粉……1/2 小匙
鹽、胡椒……各少許

作法

1. 雞蛋打進調理碗中打散，再加入起司粉拌勻。

2. 將 400ml 的水與高湯粉倒入鍋中，大火加熱，湯煮滾後以畫圈方式倒入作法 1，待雞蛋浮起鬆鬆軟軟的蛋花後熄火，並以鹽、胡椒調味。盛入碗中，再依個人喜好撒上粗粒黑胡椒。
（武藏）

利用蕃茄與麻油提升鮮醇味，
麻油也是低醣食材，可以放心加入料理中

超省錢的
蛋料理

蕃茄炒蛋麻油湯

1 人份
含醣量 2.7g
熱量 62kcal

時間 10 分鐘

材料（4 人份）

雞蛋……1 個
蕃茄……1 個
切碎海帶芽……少許
青蔥……少許
生薑……1 塊
雞高湯粉……1 大匙
鹽……少許
酒、麻油……各 1 大匙

作法

1. 將麻油、蔥絲及薑絲倒入平底鍋中拌炒，
   待爆香後加入打散的雞蛋、再畫大圈攪
   拌，料理成炒蛋。

2. 將 600ml 的水、酒及雞高湯粉加入鍋
   中，煮滾後將蕃茄放進湯汁中，再取出
   去皮，切成 1/4 的圓形後加回湯中。最
   後加入海帶芽，並以鹽調味。

香氣清爽的鴨兒芹，
讓普通的蛋花湯有了絕佳的風味

超省錢的
蛋料理

鴨兒芹蛋花湯

1 人份
含醣量 0.9g
熱量 47kcal

時間 10 分鐘

材料（2 人份）

鴨兒芹……1/2 把
雞蛋……1 個
高湯……400ml
A｜酒……1 小匙
　｜鹽……2/3 小匙
　｜醬油……少許

作法

1. 鴨兒芹切成 3 ～ 4cm 長，雞蛋打散。
2. 將高湯倒入鍋中煮滾，加入材料 A 調味。接著加入鴨兒芹，煮一段時間後將火轉大，再將蛋液沿著調理筷細細地倒入鍋中，然後馬上熄火。　　　（武藏）

便宜又大碗

豆芽菜減醣湯

豆芽菜是主婦的最佳盟友,不但價格便宜,還是增加料理
份量的最佳食材。豆芽菜適合各種調味,堪稱萬能食材,
當不知道用以什麼食材煮湯時,切記善用豆芽菜。

超省錢的
豆芽菜料理

豆芽菜起司
咖哩湯

1 人份

含醣量 1.5g

熱量 63kcal

時間 **8** 分鐘

材料(2 人份)

豆芽菜……1 袋
高湯塊(高湯粉)……1/2 個
咖哩粉……1 小匙
蕃茄醬……1 小匙
鹽……1/2 小匙
起司片(可融化)……4 片

作法

1. 將高湯塊加入 800ml 的水
   中加熱,煮滾後倒入咖哩
   粉、蕃茄醬及豆芽菜。

2. 再次煮滾後以鹽調味,然
   後盛入碗中,並擺上起司。
   如有巴西利可切末後撒在
   上頭。　　　　　（岩崎）

只用豆芽菜當主食材,
再以起司增加風味和口感,
不僅省錢,同時分量十足

油豆腐豆芽菜擔擔湯

1 人份
含醣量 4.2g
熱量 167kcal

時間 **10** 分鐘

豆漿和芝麻調味帶來驚喜，
再加入低醣的油豆腐，確實增加飽足感

材料（4 人份）

豆芽菜……1 袋
油豆腐……1 片
青蔥……5cm
蒜頭……1/4 瓣
豆瓣醬……1/2 小匙
中華風味高湯粉……1.5 小匙
A 　豆漿……300ml
　　醬油……2 小匙
　　白芝麻粉……2 大匙
　　鹽……1/2 小匙
麻油……1 小匙
辣油……少許

作法

1. 油豆腐切塊，青蔥與蒜頭切末。
2. 將麻油倒入鍋中燒熱，再將蒜頭、青蔥、豆瓣醬拌炒一下。待爆香後加入500ml的水與中華高湯粉。
3. 待煮滾後倒入油豆腐與豆芽菜煮 4～5 分鐘，接著加入材料 A 稍微煮一下。盛入碗中，並撒上辣油。　　（岩崎）

> **POINT**
>
> 豆芽菜屬於低醣食材，大量吃也無妨。即便充分拌炒後也能保留清脆口感，味道也很入味。

超省錢的
豆芽菜料理

豆芽菜榨菜湯

1 人份
含醣量 1.9g
熱量 22kcal

時間 **7** 分鐘

材料（2 人份）

豆芽菜……1/2 袋
韭菜……1/4 把
榨菜……30g
A｜水……300ml
　｜中華高湯粉……1 小匙
　｜紅辣椒……適量
鹽……少許

作法

1. 韭菜切成 4cm 長，榨菜泡水後切絲，材料 A 的紅辣椒切片。

2. 將材料 A 倒入鍋中開火加熱，沸騰後倒入榨菜、豆芽菜及韭菜，稍微煮一下再以鹽調味。　　　　　（上村）

「簡單、便宜、快速」，是這道湯品的三大優點，
沒時間料理的時候，就來道極簡的清湯吧

超省錢的
豆芽菜料理

極簡豆芽菜
清湯

1 人份
含醣量 1.3g
熱量 11kcal

時間 (10) 分鐘

材料（4 人份）
豆芽菜……1 袋
高湯塊……1.5 個
鹽、粗粒黑胡椒……各少許

作法

1. 豆芽菜盡可能去尾。

2. 將 600ml 的熱水與高湯塊倒入
   鍋中開火加熱，煮滾後倒入豆芽
   菜。再次煮滾後以鹽、黑胡椒調
   味即可完成。　　　　（檢見崎）

超省錢的
豆芽菜料理

1 人份
含醣量 3.9g
熱量 147kcal

豆芽菜絞肉酸辣湯

時間 **10** 分鐘

材料（4 人份）

豆芽菜……1 袋
綜合絞肉……200g
蒜頭……1 瓣

A ｜ 高湯塊……1 個
　 ｜ 酒……1 大匙

B ｜ 蠔油……1/2 小匙
　 ｜ 豆瓣醬……1 小匙
　 ｜ 鹽、胡椒……各少許

太白粉……1 大匙
醋……3 大匙

作法

1. 豆芽菜去尾，蒜頭切末。

2. 將 600ml 的熱水、材料 A 及蒜頭一起倒入鍋中開火加熱，煮滾後加入絞肉拌鬆開來同時煮熟。撈除浮沫後以材料 B 調味，並加入豆芽菜再稍微煮滾一下。

3. 將太白粉以二倍分量的水化開，並以畫圈方式倒入鍋中，勾芡後熄火，再加入醋。 （檢見崎）

減少酸辣湯的太白粉用量，
就可以簡單的減醣

超省錢的
豆芽菜料理

豆芽菜辣味噲湯

1 人份

含醣量 3.2g

熱量 95kcal

時間 ⑩ 分鐘

以紅味噲與麻油增加風味，
再用蒜頭增添香氣

材料（4 人份）

豆芽菜⋯⋯100g

青江菜⋯⋯大的1把

豬絞肉⋯⋯80g

蒜頭⋯⋯1/2瓣

豆瓣醬⋯⋯1小匙

雞高湯粉⋯⋯1/2小匙

信州味噲（紅）⋯⋯3大匙

麻油⋯⋯1/2大匙

香菜⋯⋯適量

作法

1. 豆芽菜去尾。青江菜的菜梗切成
   4～5cm 長後，再切成 4～6 等
   分，菜葉部分大略切碎。
2. 麻油倒入鍋中燒熱，將切末的蒜
   頭、絞肉拌炒一下，再加入豆芽
   菜、青江菜繼續拌炒。
3. 加入豆瓣醬、雞高湯粉及 800ml
   的水迅速煮一下，再將味噲化入
   鍋中稍微煮滾。盛入碗中，並擺
   上香菜。　　　　　　　　（岩崎）

超省錢的
豆芽菜料理

1 人份

含醣量 2.7g

熱量 36kcal

時間 ⑩ 分鐘

豆芽菜青蔥減醣湯

材料（4 人份）

豆芽菜……1/2 袋
萬能蔥的蔥花……1/3 把的分量
雞高湯粉……2 大匙
酒……1 大匙
醬油……2 小匙
麻油……2 小匙

作法

1. 將 800ml 的水、雞高湯粉及酒
   倒入鍋中加熱。
2. 煮滾後倒入萬能蔥、豆芽菜煮
   約 5 分鐘。最後加入醬油、麻
   油調味。 　　　　　　　（森）

只要用到豆芽菜，
不管怎麼煮都好吃又省錢

加入芝麻後，
能讓豆芽菜與泡菜的美味融合

超省錢的
豆芽菜料理

豆芽菜芝麻泡菜湯

1人份
含醣量 2.3g
熱量 42kcal

時間 5 分鐘

材料（2人份）

豆芽菜……50g
白菜泡菜……50g
白芝麻粉……1 大匙
雞高湯粉、鹽……各少許
醬油……1 小匙

作法

1. 豆芽菜盡可能去尾，泡菜切成方便食用的大小。
2. 將 300ml 的水與雞高湯粉倒入鍋中煮滾，再加入豆芽菜、泡菜和醬油後稍微煮一下。
3. 先試試看味道再以鹽調味，起鍋前撒上芝麻。

（岩崎）

補充足夠的優質蛋白質

豆腐 & 油豆腐減醣湯

豆腐和油豆腐的價格不容易波動,可以放心作為常用的食材,同時又能增加料理的份量,不怕吃不飽;口感溫和,很少有人不喜歡,可以像雞蛋一樣當成存放於冷藏庫內的常備食材,再料理成各式風味,好好品嚐!

超省錢的
油豆腐料理

油豆腐蔬菜湯

1 人份
含醣量 7.8g
熱量 200kcal

時間 **15** 分鐘

材料（2 人份）

油豆腐……1 片
白蘿蔔……1/8 條（150g）
紅蘿蔔……1/3 條（50g）
高麗菜……1/8 個（150g）
生薑……1 塊
高湯……600ml
醬油……1 大匙
鹽……少許

作法

1. 油豆腐縱切對半後,再切成 5mm 厚,白蘿蔔、紅蘿蔔切成長方形,高麗菜大略切碎,生薑磨成泥。
2. 高湯倒入鍋中煮滾,再倒入白蘿蔔、紅蘿蔔、油豆腐後煮約 5 分鐘。
3. 待蔬菜變軟後,再加入高麗菜煮一下,接著以醬油、鹽調味。盛入碗中,再擺上薑泥。 （牧野）

料多味美,
再佐以蔬菜增添甜味,美味又滿足

超省錢的
豆腐料理

1 人份

含醣量 4.7g

熱量 100kcal

時間 10 分鐘

海苔豆腐蛋花湯

材料（4 人份）

豆腐……1/2 塊

雞蛋……1 個

烤海苔（整張）……1/4 片

高湯……400ml

A｜醬油、酒……各 1 大匙
　｜鹽……少許

太白粉……1 小匙

胡椒……少許

黑醋……少許

作法

1. 豆腐切成 2cm 的骰子狀，
   海苔撕成方便食用的大
   小，雞蛋打散。

2. 將高湯與材料 A 倒入鍋中
   開火加熱，煮滾後倒入豆
   腐。接著將太白粉以 1 大
   匙水化開後加入鍋中勾
   芡，接著將蛋液細細地倒
   入鍋中，接著馬上熄火。

3. 將海苔倒入容器中，再加
   入作法 2，然後加入胡椒、
   黑醋。最後依個人喜好搭
   配上薑泥。　　　（夏梅）

口感滑嫩的一道湯，
加入黑醋可以讓風味濃縮

起鍋前加入檸檬汁，
呈現泰式料理的酸味

超省錢的
豆腐料理

油豆腐
泰式酸辣湯

1 人份

含醣量 3.7g

熱量 95kcal

時間 15 分鐘

材料（4 人份）

油豆腐……1 片

杏鮑菇……1 盒

A | 熱水……600ml
　 | 雞高湯塊……1 個

蒜頭……1 瓣

紅辣椒……1 根

魚露……1 大匙

砂糖……2 小匙

檸檬汁……2 大匙

作法

1. 油豆腐淋上熱水去油，並切成一口大小。杏鮑菇斜切成 5mm 厚。

2. 將材料 A、用菜刀刀腹壓碎的蒜頭、切碎的紅辣椒倒入鍋中，開火加熱將高湯塊化開。待煮滾後再加入作法 1，煮 2～3 分鐘。

3. 以魚露、砂糖調味，熄火後再加入檸檬汁。盛入碗中，隨個人喜好撒上香菜。

（檢見崎）

超省錢的
豆腐料理

泡菜豆腐湯

1人份

含醣量 3.5g

熱量 103kcal

時間 15 分鐘

材料（4人份）

板豆腐……1塊

白菜泡菜……150g

青蔥（蔥綠部分）……適量

A　水……800ml

　　中華風味高湯粉……1小匙

　　鹽……1小匙

　　醬油……1/2大匙

麻油……1大匙

作法

1. 豆腐縱切對半後再切成1cm寬，泡菜切成2～3cm寬，青蔥斜切成薄片。

2. 將材料A拌勻後倒入鍋中開火加熱，煮滾後倒入豆腐燉煮。

3. 再次煮滾後加入泡菜與青蔥，起鍋前撒上麻油。　　（大庭）

泡菜與豆腐十分對味，
再以麻油增添風味

超省錢的
豆腐料理

豬肉豆腐牛蒡湯

1 人份
含醣量 9.4g
熱量 180kcal

時間 **20** 分鐘

減少材料、省下備料時間，
豬肉加上豆腐，一碗飽足的好湯

材料（4 人份）

板豆腐……1/2 塊
新牛蒡……1 條
豬五花肉片……100g
青蔥……1 根
高湯……1.2L
A | 醬油……2 大匙
　 | 味醂……2 小匙
　 | 鹽……1/2 小匙

作法

1. 將豆腐用廚房紙巾包起來，再
擺上有重量的物品，將水分稍
微瀝乾。牛蒡刮掉外皮，斜切
成薄片後泡在水中，然後將水
分瀝乾。青蔥切成 1.5cm 長
的蔥花。豬肉切成 3cm 寬。

2. 將高湯倒入鍋中煮滾，然後將
火關小，把肉一邊弄散一邊倒
入鍋中，待肉變色後加入牛
蒡，煮至變軟為止。

3. 加入青蔥迅速煮一下，將豆腐
剝成適口大小，加入鍋中溫
熱，最後以材料 A 調味。（脇）

豆腐與雞蛋皆為減醣食材，
可料理成方便小朋友食用的湯品

豆腐蛋花湯

1 人份
含醣量 3.6g
熱量 111kcal

時間 (10) 分鐘

材料（2 人份）

豆腐……1/2 塊
雞蛋……1 個
青蔥……1/2 根
高湯……600ml
鹽……1/2 小匙
淡醬油……1 小匙
蔥花……1 根蔥的分量

作法

1. 豆腐以打蛋器攪碎，將青蔥切成蔥花，
   雞蛋在小碗中打散。
2. 將高湯倒入鍋中煮滾，再倒入豆腐稍
   微煮滾。接著加入蔥，並在煮滾的當
   下將蛋液慢慢地以畫圈方式倒入鍋中。
3. 待雞蛋凝固成鬆軟狀態後，加入鹽和淡
   醬油調味。熄火的前一刻再加入蔥花。

（瀨尾）

天然黏滑食感的海萵苣，
搭配嫩豆腐的口感非常順口

超省錢的
豆腐料理

海萵苣
豆腐清湯

1 人份

含醣量 **1.3g**

熱量 25kcal

時間 **10** 分鐘

材料（2 人份）

豆腐……1/2 塊
海萵苣（乾燥）……3g
高湯……700ml
鹽……1 小匙

作法

1. 海萵苣用水迅速沖洗一下，再浸泡在
   大量水中約 5 分鐘，接著擺在篩網上
   將水分瀝乾。豆腐切成 1cm 的塊狀。
2. 將高湯倒入鍋中煮滾，再以鹽調味，
   並倒入作法 1，稍微煮一下後就可盛
   入碗中。　　　　　　　　　　（大庭）

超省錢的
豆腐料理

豆腐鮮菇湯

1人份
含醣量 5.3g
熱量 98kcal

時間 10 分鐘

材料（4人份）

板豆腐……400g

鴻喜菇、滑菇……各 1 包

高湯……700ml

A 醬油……2 大匙
　 鹽……少許

太白粉……1 大匙

萬能蔥（切成蔥花）……2 根

作法

1. 鴻喜菇撕開，萬能蔥斜切成1cm長。

2. 將高湯倒入鍋中煮滾，再加入材料
   A。然後倒入鴻喜菇、滑菇，豆腐
   則是用手剝碎後直接加入鍋中。

3. 在撈除浮沫的同時煮 2 ～ 3 分鐘，
   接著將太白粉以 1.5 大匙的水化開
   後加入鍋中勾芡。盛入碗中，再撒
   上萬能蔥的蔥花。　　　　（重信）

多種鮮菇類的組合搭配，
不但低醣，且為高湯加入天然鮮味

超省錢的
豆腐料理

蕪菁葉豆腐湯

1 人份
含醣量 1.4g
熱量 60kcal

時間 **5** 分鐘

材料（4 人份）

板豆腐……1/2 塊

蕪菁葉……50g

A | 雞高湯粉……1/3 小匙
    | 鹽……1/2 小匙
    | 胡椒……少許

胡椒……少許

口感滑嫩的一道湯，
加入黑醋可以讓風味濃縮

作法

1. 蕪菁葉切碎。將 400ml 的
   水倒入鍋中開火加熱，再
   加入材料 A 調味。

2. 豆腐壓碎後倒入鍋中稍微
   煮一下，再加入蕪菁葉。
   煮滾後轉成小火煮約 2 分
   鐘，最後撒上胡椒。（大庭）

豆腐辣味噌湯

1 人份
含醣量 5.5g
熱量 112kcal

時間 8 分鐘

材料（4 人份）

豆腐……1/4 塊（75g）

韭菜……1/8 把（12g）

白蘿蔔、紅蘿蔔……各 1.5cm

蛋液……1/2 個的分量

豆瓣醬……1/2 小匙

A｜高湯……300ml
　｜味噌……1 大匙
　｜酒……1/2 小匙
　｜鹽、胡椒……各少許

B｜太白粉、水……各少許

麻油……1/2 大匙

作法

1. 豆腐切成 1.5cm 的塊狀，韭菜切成 4cm 長，白蘿蔔與紅蘿蔔切成長條狀。

2. 將麻油燒熱，再將白蘿蔔、紅蘿蔔及豆瓣醬倒入鍋中拌炒，再加入材料 A 煮 1～2 分鐘。接著加入豆腐與韭菜，並以畫圈方式倒入材料 B 的太白粉水以及蛋液，再煮一下即可完成。

（今泉）

口感滑嫩的一道湯，
加入黑醋可以讓風味濃縮

山茼蒿的香氣迷人，
是一道很適合秋冬享用的味噌湯

超省錢的
豆腐料理

山茼蒿豆腐
味噌湯

1 人份

含醣量 5.2g

熱量 88kcal

時間 **10** 分鐘

材料（2 人份）

豆腐……1/6 塊
山茼蒿……50g
油豆腐……1/4 片
高湯……600ml
味噌……2.5 大匙

作法

1. 豆腐切成 1cm 的塊狀，山茼蒿切除根
   部較硬的部分。將大量熱水倒入鍋中煮
   沸，將山茼蒿迅速氽燙後過水，並將水
   分充分擠乾，切成 2cm 長。油豆腐淋
   上熱水去油，再切成 1cm 的塊狀。

2. 高湯倒入鍋中溫熱，再倒入山茼蒿、豆
   腐、油豆腐，將味噌化入鍋中，再稍微
   煮一下即可。　　　　　　　　　（田口）

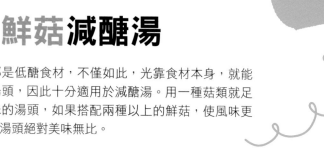

鮮菇減醣湯

所有的菇類都是低醣食材，不僅如此，光靠食材本身，就能熬煮出美味湯頭，因此十分適用於減醣湯。用一種菇類就足以燉煮出美味的湯頭，如果搭配兩種以上的鮮菇，使風味更多層次的話，湯頭絕對美味無比。

超省錢的
鮮菇料理

滑菇芋頭
日式濃湯

1 人份

含醣量 4.9g

熱量 30kcal

時間 **15** 分鐘

材料（4 人份）

滑菇……1 包
芋頭……2 個
秋葵……2 根
青蔥……3cm
高湯……800ml
醬油……1 大匙

作法

1. 滑菇倒入篩網中，淋上熱水。芋頭切成 5mm 厚的半月形。秋葵撒上少許鹽（分量另計）後，放在切菜板上滾一滾，再清洗乾淨，並切成 3mm 厚的圓片狀。青蔥切成蔥花。

2. 將芋頭及高湯倒入鍋中以大火加熱，煮滾後轉成小火煮約 3 分鐘。接著加入秋葵、滑菇和青蔥後煮約 2 分鐘，並以醬油調味。

使用多種口感滑嫩的食材，
做成順口溫暖的湯品

韭菜的香味散發出來，
營造出超乎四種材料的深奧風味

超省錢的
鮮菇料理

香菇韭菜味噌湯

1 人份
含醣量 3.3g
熱量 35kcal

時間 5 分鐘

材料（2 人份）
香菇……2 朵
韭菜……1/4 把（25g）
高湯……400ml
味噌……1.5 大匙

作法
1. 香菇切成 3mm 厚，韭菜切成 1cm 長。
2. 將高湯倒入鍋中開火加熱，煮滾後倒入香菇迅速煮一下，再將味噌以高湯化開後倒入鍋中，並加入韭菜。在煮滾的前一刻熄火，接著盛入碗中，並依個人喜好撒上山椒粉。 （今泉）

金針菇咖哩牛奶湯

1 人份
含醣量 7.9g
熱量 124kcal

時間 15 分鐘

材料（4 人份）

金針菇……大袋的 1 袋
洋蔥……1/2 個
咖哩粉……1 大匙
高湯粉……1/2 小匙
鹽……2/3 小匙
牛奶……300ml
奶油……2 大匙

作法

1. 金針菇切成一半長度，洋蔥切片。
2. 將奶油倒入鍋中融化，再倒入洋蔥拌炒一下，待變軟後加入金針菇拌炒。炒軟後撒上咖哩粉拌勻，再加入 300ml 的水和高湯粉。
3. 煮滾後以鹽調味，並將火關小、蓋上鍋蓋，煮約 5 分鐘。最後加入牛奶拌勻，再稍微煮滾後即可上桌。　　　　（大庭）

先用奶油炒過後調製成咖哩口味，
用少少費用即可完成的美味

迅速燒烤後的香氣，
成為料理風味的一大亮點

超省錢的
鮮菇料理

烤舞菇低醣湯

1 人份
含醣量 1.1g
熱量 9kcal

時間 10 分鐘

材料（4 人份）

舞菇……1 包
高湯……800ml
A ｜ 鹽……2/3 小匙
｜ 醬油……1 小匙
｜ 酒……2 小匙
萬能蔥的蔥花……適量

作法

1. 舞菇撕開後，以烤魚網稍微燒烤、上色。
2. 將高湯倒入鍋中溫熱，再倒入作法 1，
   並以材料 A 調味。盛入碗中，再撒上萬
   能蔥。

（牛尾）

超省錢的
鮮菇料理

金針菇
萵苣味噌湯

1 人份
含醣量 5.1g
熱量 44kcal

時間 5 分鐘

具爽脆口感的食材組合，
能迅速煮熟的省時味噌湯

材料（2 人份）
金針菇……1 袋
萵苣……100g
高湯……300ml
味噌……1.5 大匙

作法

1. 金針菇切成一半長度，
   萵苣撕成一口大小。
2. 將高湯倒入鍋中開火加
   熱，煮滾後加入作法 1
   再煮一下。味噌以高湯
   化開後倒入鍋中，並在
   快要煮滾的前一刻熄火。

（檢見崎）

超省錢的
鮮菇料理

香菇蛋花湯

1 人份

含醣量 3.0g

熱量 55kcal

時間 10 分鐘

材料（2 人份）

香菇……1 個

雞蛋……1 個

A ｜ 高湯……400ml
　　 酒、淡色醬油……各 1 小匙
　　 鹽……1/4 小匙

太白粉……1/2 大匙

作法

1. 香菇切片，雞蛋打散。

2. 將材料 A 倒入鍋中開火加熱，煮滾後倒入香菇。再次煮滾後將太白粉以相同分量的水化開，加入鍋中勾芡。

3. 將蛋液沿著筷子以畫圈方式倒入鍋中，熄火後靜置約 20 秒，最後再攪拌均勻即可。　　　（川上）

香菇的鮮甜味完全融入湯頭之中
簡單一碗，暖心又暖胃

金針菇海苔湯

1 人份
含醣量 1.7g
熱量 12kcal

時間 10 分鐘

菇類加海藻,是減醣食材最佳組合,
也可將海苔改成海帶芽

材料(2 人份)
金針菇……50g
烤海苔(整張)……1 片
高湯塊……1 個
鹽、胡椒……各少許

作法

1. 金針菇切成 1～2cm 長,
   海苔撕成小塊。
2. 將 300ml 的水倒入鍋中
   開火加熱,沸騰後加入高
   湯塊化開。
3. 倒入作法 1 稍微煮滾一
   下,再以鹽、胡椒調味。

(檢見崎)

超省錢的
鮮菇料理

鴻喜菇
水菜薑湯

1 人份

含醣量 1.6g

熱量 18kcal

時間 **10** 分鐘

材料（4 人份）

鴻喜菇……1 包
水菜……60g
生薑……1 塊
雞高湯……800ml
A｜鹽……2/3 小匙
　｜胡椒……少許
　｜醬油……1 小匙
炒熟白芝麻……適量

作法

1. 鴻喜菇撕開，水菜切成 3cm 長，生
   薑磨成泥。
2. 將雞高湯倒入鍋中溫熱，再倒入作法
   1 煮約 3 分鐘。接著以材料 A 調味後
   盛入碗中，再撒上芝麻。　　（牛尾）

薑泥可以有效改善手腳冰冷，
使用很快就能煮熟的食材，料理起來好簡單

洋蔥和小松菜，是常出現在冰箱的食材，
使用簡單的食材，就能讓湯品風味更飽滿

超省錢的
鮮菇料理

杏鮑菇
洋蔥味噌湯

1 人份

含醣量 5.2g

熱量 46kcal

時間 (10) 分鐘

材料（2 人份）

杏鮑菇……1/2 包
小松菜……100g
洋蔥……1/4 個
高湯……300ml
味噌……4 小匙

作法

1. 杏鮑菇切成一半長度，再縱切對半後切
   片。小松菜切成 3cm 長，洋蔥縱切成
   7mm 厚。

2. 將高湯倒入鍋中開火加熱，煮滾後倒入
   作法 1，待煮熟後將味噌化入鍋中。

（檢見崎）

超省錢的
鮮菇料理

金針菇水雲減醣湯

1 人份
含醣量 1.7g
熱量 11kcal

時間 **10** 分鐘

材料（4 人份）

金針菇……小袋的 1 袋（100g）
新鮮水雲……100g
A 水……800ml
　高湯塊……1 個
　酒……1 大匙
淡色醬油……1 大匙
鹽、粗粒黑胡椒……各少許

作法

1. 金針菇切成一半，再撕開以方便食用。水雲迅速洗淨後，將水分瀝乾，並切成適口大小。

2. 將材料 A 倒入鍋中煮滾，再加入金針菇，接著以淡色醬油、鹽調味，並在加入水雲後稍微煮滾一下。盛入碗中，再撒上黑胡椒。　（今泉）

在意凸出的小腹嗎？這道湯品不僅低醣，也低卡，喝一大碗也 OK

透過蓮藕的甜味使風味變圓潤。
再勾點薄芡即可上桌

香菇蓮藕泥濃湯

1 人份

含醣量 4.0g

熱量 21kcal

時間 15 分鐘

材料（4 人份）

香菇……2 個

蓮藕……100g

高湯……600ml

醬油、鹽……各 1/2 小匙

太白粉……1 小匙

作法

1. 香菇切成一半再切片。蓮藕磨成泥，再稍微瀝乾水分。

2. 將高湯倒入鍋中煮滾，加入醬油、鹽、作法 1。再次煮滾後，將太白粉以二倍分量的水化開、加入鍋中勾芡，然後稍微煮滾一下即可。

（岩崎）

超省錢的
鮮菇料理

鴻喜菇蕃茄味噌湯

1 人份
含醣量 5.9g
熱量 64kcal

時間 10 分鐘

這道用料豐富的味噌湯，
最適合補充常外食而忽略的蔬菜

材料（2 人份）

鴻喜菇……小包的 1/4 包（25g）
高麗菜……1 片
蕃茄……小的 1/2 個
洋蔥……1/4 個
油豆腐……10g
高湯……300ml
味噌……1 大匙

作法

1. 鴻喜菇撕開，高麗菜大略切碎，蕃茄縱切對半後，再橫切成 1cm 厚，洋蔥橫切成 5mm。油豆腐淋上熱水去油，縱切對半後橫切成絲。

2. 將高湯、洋蔥和油豆腐倒入鍋中，開火加熱，煮滾後撈除浮沫，接著蓋上鍋蓋，以小火煮約 3 分鐘。

3. 加入高麗菜、鴻喜菇後煮約 1 分鐘，加入蕃茄後再煮一下，然後將味噌化入鍋中。再次煮滾後熄火即可。

（今泉）

金針菇奶香味噌湯

1 人份
含醣量 2.8g
熱量 40kcal

時間 **10** 分鐘

材料（4 人份）

金針菇……1/2 袋
奶油……1 小匙
高湯……300ml
味噌……1 大匙
萬能蔥的蔥花……1 根的分量

作法

1. 金針菇切成 1cm 長。
2. 將奶油倒入鍋中加熱融化，加入作法 1 拌炒一下，待炒軟後加入高湯。煮滾後將味噌化入鍋中，接著盛入碗中，並撒上萬能蔥。 （牧野）

先用奶油炒過再煮，
就有濃郁深奧的好滋味

搭配豆苗，料理成料多實在的省錢湯品！

超省錢的
鮮菇料理

香菇豆苗湯

1 人份

含醣量 1.3g

熱量 14kcal

時間 15 分鐘

材料（4 人份）

香菇……3 朵

豆苗……1 包

生薑……1 塊

雞高湯粉……2 小匙

A │ 鹽……1/2 小匙
　│ 胡椒……少許
　│ 醬油……1 小匙

作法

1. 香菇切片，豆苗切成一半長度，生薑切絲。

2. 將 600ml 的水、雞高湯粉倒入鍋中溫熱，再倒入作法 1。煮約 5 分鐘後以材料 A 調味。

（牛尾）

〈低醣餐桌〉常備減脂湯料理：157 道能吃飽、超省時、好省錢的日常減重食譜，無壓力維持瘦身飲食 / 主婦之友社 著；蔡麗蓉 翻譯 . -- 初版. — 新北市：幸福文化初版；遠足文化發行 , 2018.11
面；公分
ISBN 978-986-96869-3-8

1. 食譜 2. 湯

427.1　　107015076

滿足館 Appetite 051

〈低醣餐桌〉常備減脂湯料理

157 道能吃飽、超省時、好省錢的日常減重食譜，
無壓力維持瘦身飲食

作　　者：主婦之友社
譯　　者：蔡麗蓉
責任編輯：賴秉薇
封面設計：比比司設計工作室
內文設計：王氏研創藝術有限公司
內文排版：王氏研創藝術有限公司

總 總 編：林麗文
副 總 編：黃佳燕
主　　編：高佩琳、賴秉薇、蕭歆儀
行銷總監：祝子慧
行銷企劃：林彥伶、朱妍靜

出　　版：幸福文化／遠足文化事業股份有限公司
地　　址：231 新北市新店區民權路 108-1 號 8 樓
粉 絲 團：https://www.facebook.com/
　　　　　happinessbookrep/
電　　話：(02) 2218-1417
傳　　真：(02) 2218-8057

發　　行：遠足文化事業股份有限公司（讀書共和國出版集團）
地　　址：231 新北市新店區民權路 108-2 號 9 樓
電　　話：(02) 2218-1417　傳真：(02) 2218-1142
電　　郵：service@bookrep.com.tw
郵撥帳號：19504465
客服電話：0800-221-029
網　　址：www.bookrep.com.tw

法律顧問：華洋法律事務所 蘇文生律師
印　　刷：通南彩色印刷有限公司
電　　話：(02) 2221-3532

初版八刷：西元 2024 年 1 月
定　　價：380元

家族もおいしく！糖質オフのスープ
©Shufunotomo Co., Ltd. 2017
Originally published in Japan by Shufunotomo Co., Ltd
Translation rights arranged with Shufunotomo Co., Ltd.
Through Bardon-Chinese Media Agency.

〈日本原出版社工作人員〉
攝　　影：原ヒデトシ
　　　　　梅澤仁、武井メグミ、田村智久、福岡拓、
　　　　　松久幸太郎、村林千賀子、山田洋二、
　　　　　主婦の友写真課
料理示範：市瀬悦子、今泉久美、岩崎啓子、上田淳子、
　　　　　牛尾理惠、浦上裕子、大庭英子、上村泰子、
　　　　　川上文代、杵島直美、栗山真由美、檢見崎聡美、
　　　　　小林まさみ、重信初江、瀨尾幸子、高城順子、
　　　　　高谷華子、田口成子、舘野鏡子、ダンノマリコ、
　　　　　堤人美、夏梅美智子、藤田雅子、堀江ひろ子、
　　　　　牧野直子、武蔵裕子、森洋子、脇雅世

讀者回函卡

感謝您購買本公司出版的書籍，您的建議就是幸福文化前進的原動力。請撥冗填寫此卡，我們將不定期提供您最新的出版訊息與優惠活動。您的支持與鼓勵，將使我們更加努力製作出更好的作品。

讀者資料

●姓名：＿＿＿＿＿＿＿　●性別：□男　□女　●出生年月日：民國＿＿年＿＿月＿＿日

●E-mail：＿＿＿＿＿＿＿＿＿＿＿＿＿＿＿＿＿＿＿＿＿＿＿＿＿＿＿＿＿＿

●地址：□□□□□＿＿＿＿＿＿＿＿＿＿＿＿＿＿＿＿＿＿＿＿＿＿＿＿＿＿

●電話：＿＿＿＿＿＿＿＿　手機：＿＿＿＿＿＿＿＿＿　傳真：＿＿＿＿＿＿＿＿

●職業：　□學生　　　　□生產、製造　　□金融、商業　　□傳播、廣告
　　　　　□軍人、公務　□教育、文化　　□旅遊、運輸　　□醫療、保健
　　　　　□仲介、服務　□自由、家管　　□其他

購書資料

1. 您如何購買本書？□一般書店（　　縣市　　　書店）
　　　　　　　　　　□網路書店（　　　　書店）　□量販店　□郵購　□其他
2. 您從何處知道本書？□一般書店　□網路書店（　　　　書店）　□量販店　□報紙
　　　　　　　　　　□廣播　□電視　□朋友推薦　□其他
3. 您購買本書的原因？□喜歡作者　□對內容感興趣　□工作需要　□其他
4. 您對本書的評價：（請填代號 1.非常滿意　2.滿意　3.尚可　4.待改進）
　　　　　　　　　　□定價　□內容　□版面編排　□印刷　□整體評價
5. 您的閱讀習慣：□生活風格　□休閒旅遊　□健康醫療　□美容造型　□兩性
　　　　　　　　　□文史哲　□藝術　□百科　□圖鑑　□其他
6. 您是否願意加入幸福文化 Facebook：□是　□否
7. 您最喜歡作者在本書中的哪一個單元：＿＿＿＿＿＿＿＿＿＿＿＿＿＿＿＿＿

8. 您對本書或本公司的建議：＿＿＿＿＿＿＿＿＿＿＿＿＿＿＿＿＿＿＿＿＿
＿＿＿＿＿＿＿＿＿＿＿＿＿＿＿＿＿＿＿＿＿＿＿＿＿＿＿＿＿＿＿＿＿＿＿
＿＿＿＿＿＿＿＿＿＿＿＿＿＿＿＿＿＿＿＿＿＿＿＿＿＿＿＿＿＿＿＿＿＿＿
＿＿＿＿＿＿＿＿＿＿＿＿＿＿＿＿＿＿＿＿＿＿＿＿＿＿＿＿＿＿＿＿＿＿＿
＿＿＿＿＿＿＿＿＿＿＿＿＿＿＿＿＿＿＿＿＿＿＿＿＿＿＿＿＿＿＿＿＿＿＿
＿＿＿＿＿＿＿＿＿＿＿＿＿＿＿＿＿＿＿＿＿＿＿＿＿＿＿＿＿＿＿＿＿＿＿

減脂快瘦雞肉料理

**57 道常備菜、便當菜、省時料理，美味不重複，
不撞菜的減重食譜**

岩崎啓子／著　賴惠鈴／譯　定價 350 元

不只是美味多變的雞胸肉食譜，也是不復胖的最強減醣料理！
用「低熱量＋高蛋白」的雞胸肉當作減醣主食，減脂不減肌，
不易復胖；維持日常減醣飲食，就會一直瘦下去！

〈低醣餐桌〉花椰菜飯瘦身料理

**63 道低醣食譜 X 美味套餐 X 快速料理，瘦身又減脂、
能持續下去的食譜**

金本郁男、石川美雪／著　婁愛蓮／譯　定價 350 元

瘦身、美肌、解便秘、消水腫，統統有效！
靠花椰菜進行沒有壓力的低醣飲食，不用強忍食慾也可以
減肥。

無麩質的原味食材烘焙課

**用米穀粉取代麵粉、堅果和椰子油取代奶油，打造
52 道低過敏食材的獨家甜點配方**

馮晏緹／著　定價 399 元

第一本「無奶蛋」的無麩質烘焙配方，
第一本全部使用天然穀物 & 堅果的甜點食譜。
打破傳統甜點烘焙的「麵粉＋奶＋蛋」公式，烘焙初學者
& 健康飲食新手絕不失敗的黃金比例大公開！

五代中醫救命之方
保心臟、斷焦慮、抗血糖、去肝炎，急慢症實證病案大解析

張鐘元、張維鈞／著　定價 360 元

【百年醫家養生祕方，首度公開！】
暢銷書作者張維鈞・最新實證解析關鍵良方大解密。
老毛病為什麼反反覆覆沒痊癒？
獨家「藥食同源」祕方：專治難症、奇症、怪症！
不用藥硬壓症狀、探究病源，才是真正的對症良策！

這樣吃遠離子宮疾病
營養師教妳正確吃！讓妳青春抗老、瘦身窈窕、輕鬆備孕、對症調養

黃曉彤／著　定價 380 元

想要美麗、想要健康、想要懷孕，就從「吃對」食物開始！
拒絕經痛 X 氣色好 X 好孕 X 逆齡抗老 X 對症保養
只要養好子宮，才能由內而外的美麗，並遠離婦女疾病。

半調理醃漬常備菜
5 分鐘預先醃漬，讓週間菜色一變三的快速料理法

Winnie 范麗雯／著　定價 399 元

常備菜升級新概念！「半調理醃漬」讓料理更新鮮有味。
週末 5 分鐘做好預先醃漬，就能節省 60% 以上的烹調時間！
1 種食材 X 1 個配方 X 3 種料理法→午餐晚餐、便當菜無限變化！